庄振林

不焦虑

庄振林　著

南海出版公司
2020 · 海口

图书在版编目（CIP）数据

不焦虑 / 庄振林著 . -- 海口：南海出版公司，2020.11

ISBN 978-7-5442-7571-2

Ⅰ . ①不… Ⅱ . ①庄… Ⅲ . ①焦虑 - 心理调节 - 通俗读物 Ⅳ . ① B842.6-49

中国版本图书馆 CIP 数据核字（2020）第 203534 号

BU JIAOLÜ
不焦虑

作　　者　庄振林
责任编辑　林英翠
装帧设计　WONDERLAND Book design 仙境 QQ:344581934
出版发行　南海出版公司　电话：（0898）66568511（出版）（0898）65350227（发行）
社　　址　海南省海口市海秀中路 51 号星华大厦 5 楼　邮编：570206
电子信箱　nhpublishing@163.com
经　　销　新华书店
印　　刷　北京虎彩文化传播有限公司
开　　本　880 毫米 ×1230 毫米　1/32
印　　张　7.5
字　　数　128 千
版　　次　2020 年 11 月第 1 版　　2020 年 11 月第 1 次印刷
书　　号　ISBN 978-7-5442-7571-2
定　　价　49.80 元

推荐序

你所谓的焦虑，不过是对未来的恐惧

如果有人说自己不渴望在事业上有所成就，这恐怕有点口是心非。谁不想事业有成，早日走上人生巅峰？可是，渴望成功的人那么多，有多少人真正掌握了获取成功的方法与策略？假如你期待成就事业，却苦于没有进阶的途径，那该怎么办？其实，很多时候，成功并没有一个固定的模式，我们每个人的人生都是在不断摸索中前行的，只是最终，每一个成功者都找到了适合自己的成功路径。在跌跌撞撞中前行，才是人生的精彩之处。

谈到成功与人生这两个大命题，每个人都有不同的看法，不少人表示自己很焦虑。这里的焦虑代表什么呢？其实是对成功缺乏信心，对未知的未来有一些恐惧感。也许我们不得不承认，焦虑已经成为现代人生活的底色。每天去健身房拼命健身，一心扑在工作上，给孩子报五花八门的补习班，这些现象已经越来越普遍，仿佛成了一种常态。为金钱焦虑、为情感焦虑、为事业焦虑、为知识焦虑、为未来焦虑……此时，我们需要静下心来思考：如何才能做到对未来不焦虑，对人生有信心，驱走这份对未知的恐惧。

现代社会，信心不足的人和营养不良的人几乎一样多。焦虑不安的人会把自己约束在昨日的生活模式中，不敢进行突破，缺乏对自己人生的掌控感。他们时常觉得有心无力，认为自己无路可走，就像陷进了一个深不见底的烂泥潭中。这种力不从心的感觉经常扰乱我们的内心，而且很难摆脱。既然我们不能停止焦虑，不妨直面困境，修习直面焦虑的勇气。

所有的成功都是以战胜自我、选择出路、走出困境为前提的。那些令人钦佩的成功大师们无一不是由此开始的。庄振林老师曾说："人生的意义就在于在没有出路时找到出路，从而摆脱困境。"他用八个章节来引导大家清醒思考，提供了很多有效工作的技巧，以便帮助大家摆脱"焦虑与信心不足的障碍"。

年轻时，我也是一个在成功路上奔腾的人，有苦水，也有收获。我很自信地说，我已经积累了一些方法和经验，也在某些方面取得了一些微小的成功。在读了庄老师的《不焦虑》之后，我很感慨，书里的内容都是他多年来人生经验的总结，他愿意如此无私地分享出来，令人感动。

只要你留心书中的观点，它会让你变得不焦虑，带你走出人生的死胡同，收获对未来的希望，并因此而进入一个全新的人生境界。最后，希望这本书能给想要成功的你带去收获与指引。

李萃　领导力发展研究导师

自　序

找对方向，每种性格都能成功

我写这本书，是因为我相信成功并非只有一条路，只要找对方向，然后投入坚持，就一定会有所收获。以前“三十而立”的说法，只是对自我的鞭策，要求自己成功要趁早，绝不是对成功年龄的刻板规定。这一点，尤其是在看到褚时健的褚橙成功之后，我更加坚信不疑。

成功是机遇捕捉与优势发挥的有机结合。机遇为优势的发挥创造条件，优势为机遇的把握提供保障。机遇无处不在，但常常以问题和挑战的形式出现。机遇存在独特性，逝去的时机不会以一成不变的方式再次呈现，我们需要洞悉机遇出现的“规律”，而不是只看重机遇本身。从这点上来说，他人的成功不能复制，你需要的是从中找到事物发展的规律，来与自己的期望和特质相匹配，最终找到属于自己的成功之路。想要成功，这是第一重要的思维认知。

接下来我们要做的就是积极主动。所谓“积极主动”，从字面意义上来说，包含“积极”与“主动”两个层面。“积极”反映的是心态上的开放性。面对问题时，如何看待它异常重要。是认为问题存在巨大的挑战，自己无可奈何，只能被动承受，还是接受问题的存在，在困难中找到解决方法，把NO转变成YES？事实上，我们是能够在问题和挑战中发现机遇，创造巨大需求的可能性，最终创造出新“趋势”的。从问题思维的“事”到方法思维的“是”，再到创变思维的“势”，都是基于我们对事物的认知和趋势的把握，归根结底是基于对自我的清晰认知。

正是有了这种心态上的开放性，我们才能意识到“主动”的必要性和可能性。“必要性”体现在思维和行为两个方面。很多人在遭遇挫折时会陷入无法动弹的境地，很大程度上是困在“思维”上，而非“行为”上。你永远有行动的能力，但恰恰是思维的限制，让你无法迈出行动上的第一步，而这个“第一步”才是改变的关键。在不断成长的过程中，我们能发现自己的“积极价值”所在，并且发现自我。

发现自我是一件极不容易的事情。说“不容易”，不仅在于发现自我的途径不易寻找，更在于当我们面对真实的自我时，常常缺乏勇气，很难与自己和平相处。想要充分发挥出自己的天赋与优势，因势利导，勇敢迈上属于自己的成功之路就更加困难了。

这个世界之所以精彩，是因为每个人都如此相似，却又如此不同。每个人都是由不同特质塑造而成的，不同的际遇造就了当下的自己，而当下的自己又由于不同的特质选择了不同的路径，造就下一个阶段新的自己。哪怕在某些“节点”上选择了相同的方向，最终也会因不同的特质——内在的知识、技能、经验和个性，还有外在的性别、年龄、角色和发展阶段——在后续的路径选择上迥然不同。这在具有同等“起点”的人身上表现得尤其明显。同样是刚刚迈出校园大门的毕业生，进入职场后两三年，就会走上日益不同的人生路径。因此，影响成功的因素除了外在机遇，更重要的是内在特质。其中，尤其关键的是个性。

正如世界上没有两片完全相同的叶子一样，这世界上也不可能有个性完全相同的两个人。个性的价值很大程度上会让我们在关键节点上关注不同的点，然后导致外在行为表现的不同。不同的个性让我们在遇到一件事后，有些人会优先关注人——包括自己和他人——从而做出体现“过程导向”的行为。他们感性又充满温度，喜欢人际互动，最终追求的成功是“人性”的满足。而有些人会优先关注事——目标和规则——从而做出体现“结果导向”的行为。他们充满理性，喜欢判断对错，最终追求的成功是“事务”的满足。这让他们在设定目标时迥然不同，在过程中考虑问题的视角也不同。如果用一个词来体现成功，那最适合的词应该是“人情世故”，关注人的人其成功在于懂得“人情”，而关注事的人其成功在于明白“世故”。

如果要论这两种成功哪种更好，答案是各有特色，也各有优劣。追求“人情”的人看重“关系”，包括与自己、与他人、与世界的关系。这种成功者追求的是一种感性的美好体验，而事情的开展是获得感性体验的手段，评判成功的“落脚点”最终都会落到“幸福”上来。而追求“世故”的人看重“结果”，包括工作的结果、沟通的结果，甚至是人生的结果。这种成功者追求的是一种理性的结果达成，而所有人际关系的开展都是达成结果的手段，评判成功的“落脚点”最终都会落到“结果是否达成”上。这是两种各具特色的成功，存在各自不同的优劣。追求“人情”成功的人，容易陷入情感的限制中，看重陪伴、关怀和他人的感觉好坏，常常让原本很简单的选择变得复杂，被人认为是“优柔寡断、感情用事”的无主见之人。而追求“世故”成功的人，容易因目的性过强而伤害他人，被人视为“为达目的不择手段”的冷血之人。所以，要充分发挥各自的优势，避免走入过犹不及的“失衡式”成功，需要理解不同成功的特色，更要兼顾这两个方面，最终实现“人情世故”平衡发展的成功路径。

“平衡才是最高点”。要获得平衡式的成功，需要充分了解自己，发现自己的优势，也要发现自己的短板，充分发挥优势的力量，减少短板造成的干扰。

一般来说，我们对自身的清晰认知会通过三种途径获得。

首先是自我的感知。成长过程中，我们无时无刻不在透过各种现象感知自我，通过不断的经历获得经验，从而对自己有更深的了解。觉察到自己的不足，方能进行修正，进而获得进步。

其次是他人的反馈。从小到大，父母、老师、同学、朋友、同事等，总会给我们数不清的建议，为我们提供了人生选择的路径，使我们培养出各种各样的兴趣爱好。这种反馈是成长过程中不可或缺的“养料”，但这种反馈存在潜在的风险，因为反馈的背后是反馈者个人的主观认知，不一定适合我们自己。

最后是测评。在人才管理领域，有一种“人才评价”技术，通过多种评估技术，包括测评、360度评估、情景再现、绩效考核等，最终对被试者作出尽可能全面、客观的评价。这种人才评价技术，融合主观与客观，过去、现在与未来，以及内在需求与外在表现，是当前人才管理与人才发展领域十分重要的评价体系。

以上不同的途径，究其一点，都是为我们对自己形成正确的认知提供各方面的支持。让我们放下感性，重拾理性，尽可能以客观、冷静的视角看待自己，尤其是看待我们的发展。但这种尽可能理性的视角是否就一定正确呢？并非如此。

人之所以难以清晰地认识自我，核心原因在于“复杂性”。这种复杂一方面是内在与外在影响的相互性，另一方面是这种相互性的影响是一体的，它们共同组成了我们的“独特性”。心理学上有一个基础的认知模型，即“冰山模型”。它认为人就像是一座“冰山”，看得到的部分是我们的行为、知识、技能，一切的外在表现都存在冰山上部，但这只是我们自身“独特性”的很小一部分，水面下有一个庞大的部分，代表着我们的内在认知，包括我是谁、我看重什么、我的深层动机是什么，这些对我们如何显示自身独特性起着决定性的作用。

正是因为这种复杂性，让我们不能仅凭自我的感知、他人的反馈，或者单一的评价技术作为自我认知的全部。它们是自我认知的“入口”，透过入口，我们需要有意愿和能力，去探寻更庞大的“冰山”，成为自己的主人。

本书的内容主要来自我开展的为期二十一天的研习营训练体系。之所以用二十一天时间，是因为大家通常认为二十一天是习惯养成的周期。虽然现在心理学已经对此提出了不同的意见，但我们期望以二十一天作为一个小阶段，从改变思维入手，通过多个任务的设置，让我们踏上实践之路，由内而外引发更多能够产生效果的行为习惯的养成。毕竟，实践会让不圆满的梦想成为美好的现实，而单纯的梦想不能。

此外，书中通过紧密衔接的各项任务，从思维认知，到行为实践，再到结果评价，逐步累积起每个人对自我从“认识”到“了解”的成长路径。思维引发行为，行为造就能力，能力成就习惯，而习惯造就人生。认识不等于了解，只有切实了解自我，才能成就自我。

我们始终坚持一种信念：找对方向，每种性格都能成功。天赋异禀之人不一定就是成功者，每一个成功者都找到了适合自己的成功路径。始终相信“天生我材必有用”，上天不会造就无用之人，带着发现自我的好奇心、修正自我的勇气，以及成就自我的信念，就会找到属于自己的成功之道。

衷心希望每一位读者都能够最大限度地发掘自己的潜能，早日迈上成功之路。

目　录

第三章　做好整体的职业规划

第四章　培养“以终为始”的战略思维

第五章　高效工作，战胜焦虑

第六章　找准自身价值，修炼核心竞争力

第一章
洞悉内心需求：你为什么会焦虑

追求成功的道路千差万别，任何整齐划一的成功路径必然是狭隘的。陷入单纯关注外在成功的窠臼，很容易成为另一个职场“复制人”，忽视自身的独特性，缺乏内观视角的成功常常造就盲从。唯有达成外在标准与内在追求的平衡，才能造就一个快乐、自由和幸福的人生。

焦虑形成的三大原因：
1. 理想与现实的落差

首先，请先闭上双眼，跟着我来一次穿越时光的思维旅行。从你的内心深处选择一个心中的“偶像”，性别不限，年龄不限，也不一定非得是公众人物，他可以是你身边的朋友、领导，也可以是家人。很多人会选择自己的父母，这很正常。因为从小到大，父母陪伴我们最多，是关系最亲近的人。那么，请思考一个问题：我为何视他/她为偶像？

我们将一个人视为“偶像”，作为追随的榜样，一定是他有某些特质吸引我们。或许是因为外在的成功，比如尊贵的身份、优雅的谈吐、为人处世的方式等；或许是某些内在的特质，比如受人欢迎的个性、值得敬佩的价值取向和信仰、极强的目标感等。无论哪一种或多种，都想清楚，可把它们写在一个特定的地方，以便自己能够随时看到。如果你过去没想过这个事情，那就在此刻用心想。因为在追求成功的道路上，榜样的力量至关重要。

在获得上一个问题的答案后，请再问自己下一个问题：我不喜欢 / 接受偶像的地方有哪些？说实在话，这个问题充满挑战，回答上一个问题，我们通常能够找到众多的理由，这个问题却让我们陷入纠结甚至产生反感。因为在对待偶像的问题上，我们通常会陷入“爱屋及乌”的状态，不太愿意承认光彩无限的偶像也会有瑕疵存在。但承认“人无完人”这个道理吧，这对于追求属于自己的成功非常重要。曾经十三年蝉联世界首富的比尔·盖茨，也被身边人认为无趣和对工作伙伴充满挑剔。被众多人视为“神”一般存在的乔布斯，工作中性格极其暴躁，与家人的关系也有些糟糕，终究被许多人诟病。

其实，我们每个人一生中都会有所期待，而这种期待通常会投射到自己喜欢和崇拜的人身上，这些偶像身上有我们喜欢的特质，我们也希望自己能够拥有这些特质。偶像身上负面的特质，最终会让我们变得与偶像不一样，进而走入另外的“成功之路”。前者为我们提供可供参考的路径，后者是让我们避免走入“歧途”的关键。典型的“歧途”是追求成功时的“失衡”状态，这种失衡体验很多职场人都有过。

我的朋友李帆参与了这次培训活动，他在一家乙方培训咨询机构担任内容运营工作。他的偶像是被众多管理者视为楷模的乔布斯，他总结出乔布斯身上的三大吸引点：睿智、创新精神和百折不挠。李帆对我说：“你知道他曾经创立了苹果公司，后来却被公司扫地出门。若换作别人，这种遭遇肯定是致命的。但他却有勇气进入另外的领域，最终通过在皮克斯（Pixar）的成功再次回归苹果公司，短短几年时间里，创造性地推出了苹果手机，建立苹果生态。站在台上的乔布斯是神一样的存在。我喜欢乔布斯身上的睿智、创新精神和百折不挠。我认为一个真正的成功者，一定是充满智慧的，勇于创新，对自己的选择持之以恒，遇到挑战百折不挠。我也希望能够拥有这种特质让自己更专业、更成功。”

面对第二个问题时，李帆思考了很久后，好不容易才写出了乔布斯身上两个负面特质：脾气暴躁、缺乏责任感（尤其在生活中）。李帆说：“乔布斯最后死于胰腺神经内分泌肿瘤，我曾经看过他的自传，从书中可以看出他是一个脾气暴躁的人，尤其在对待同事和下属时。他为了创造事业上的奇迹，可以说是一个‘暴君’，甚至可以用‘不可理喻’来形容。生活中，他也不是一个称职的丈夫和父亲，多年都不承认女儿的身份。而我想成为一个能够善待他人也善待自己的成功人士。”

是的，这就是李帆所追求的成功模式。他虽然视乔布斯为偶像，想要在个人特质上打上“充满睿智，勇于创新和遇事百折不挠”的标签，却不希望拥有偶像那种过于极端化的性格，不想成为生活中不负责任的那种成功者。这是一种自我发现，更是一种选择。

在《活法》这本经典书里，稻盛和夫先生强调一种“圆满”状态。“当我们在人生的最后一刻，回首过往的时候，可以坦然地跟自己说：当下的自己要比当初的自己更‘圆满’，这才是每个人真正的‘活法’。”稻盛和夫被称为在世的“经营之神”，他在二十七岁创办京都陶瓷株式会社（现名京瓷 Kyocera），五十二岁创办第二电信（原名 DDI，现名 KDDI，目前为日本仅次于 NTT 的第二大通信公司），并把两家公司全部推进世界 500 强之列。在书中，他没有过多描绘自己的丰功伟绩，而是把关注的重点放在心性的修行上。在他看来，如果缺乏内在的丰盛，便无法做到外在的强大，这便是平衡的成功之道。

焦虑形成的三大原因：2.目标不清，资源匮乏

关于“成功”这个话题，我们通常会存在一种矛盾心态。很多人都希望获得一条明确的成功道路，如果能在路径上标识出距离成功终点有多远，从而按图索骥直达成功，省掉颇费周折的寻找过程，那就再好不过了。但是，理智却告诉我们，这是不可能的事情，而且我们也无法复制他人的成功。你是否认为成为马云这样成功的企业家是一个不错的选择？但你是否能承受掌管一个市值千亿美金企业的巨大压力？或者你认为可以选择成为一个受人尊敬的技术专家，但你是否看到过技术专家日复一日进行技术攻关、解决技术难题的艰辛？我们在确定努力方向时，常常把他人的成功看得过于简单，只看到了他人光彩异常的“高光时刻”，却忽略了他们为此经历的辛苦与孤独。

成功之路并非一条，即使天时地利人和，万事俱备了，由于每个人对成功的理解不同，选择便会不同，最终也将到达不同的彼岸。这提醒我们，不要跟在成功者后面亦步亦

趋，努力成为另一个“别人”，应该坚定地做好自己，走出属于自己的成功之路。因为世上没有唯一的成功标准，这让我们每一次努力都充满期待。哪怕我们原本朝着A目标努力，最终没有收获A，却在此过程中，惊喜地收获了B，这难道不是一种很棒的体验吗？毕竟，惊喜也是生命的馈赠。

要成为自己，除了要对“成为自己也是成功”保持信心外，更需要提高觉察，对自己当前的状态有清晰的认知，保持警醒。因为在一切以“快”为成功标准的时代，对于成功而言，除了外部的拥有，更需要内在的感受。我们可以通过如下四个步骤来实现。

首先，停下来，找到属于自己的节奏。

我们不是电影《罗拉快跑》中的罗拉，为了能在二十分钟内得到十万马克来拯救男友，必须不停地奔跑。在个人成功的道路上，快不一定就是好。尤其当你把选择的梯子搭在了“错误的墙”上时，更是如此。职业生涯规划书籍《商业模式新生代（个人篇）》中指出：“我们每个人的内心都深藏一个渴望，一个随着年华老去逐渐变成悲伤的渴望。我们每个人的渴望都与众不同，因为它正是长久以来我们希望把自己塑造成的模样。只有当我们做到听从内心的声音时，我们的人生才会充满意义和价值。”停下来，找到自己的节奏，你不一定要认同别人的选择，但你一定要在自己奋力奔跑的时候，明确自己奔跑的目的地在哪里，为何而奔跑，不要陷入“穷忙”的怪圈。

回想一下，最近你投入了多少钱在自我学习与成长上？有多少时间花在了上下班路上？每天的工作通常是专注在一件事上，还是同步推进多项工作内容？你是否经常焦虑？经历漫长的上下班通勤，到公司和到家里时，你会不会觉得筋疲力尽，好兴致消耗殆尽？多项工作齐头并进时，是否每一项都异常紧急、重要，虽然勉强完成，却与自己内心的标准差距特别大，丝毫没有品质可言？

如今，都市年轻人的生活节奏和工作节奏都很快，中国内地上班族所承受的压力非常大，朝九晚五的标准作息早已经被打破。提早上班、延迟下班，对于上班族来说已经成为家常便饭。在巨大的职业压力下，“上班族”已经演变成“加班族”。这种状况在一线城市尤甚，二线的排头城市也已经显现出来。

人们想在经济发达的城市更好地生存下来，就需要投入更多的时间和精力在工作上。伴随着工作强度的加大，人们面临着内在成长需求与外在职业要求的双重挑战，日益增长的焦虑情绪逐渐超出内心的负荷，演变成对未来的焦虑、对现实的倦怠、对自我成长的盲目选择。因此，要找到自我，第一，要先停下来，不要陷入盲目的奔忙之中。

第二，确定自己真正的需求。

你为自己树立了哪些成功目标？这些目标的达成状况如何？为了达成目标，你又给它们分配了多少时间？是否每天都在朝目标迈进？如果并非如此，那就要小心了，可能你已经陷入了“穷忙”的怪圈，忙忙碌碌却没什么收获。

停下来之后，问自己一个问题：“我想要的到底是什么？”只有解决了这个问题，才能明白自己到底为何而奔忙，懂得如何调适自己，更好地朝目标迈进。

在职场上，需要认清自己的优势与劣势，并且懂得扬长避短，确认自己内心的需求是很重要的。有不少人在工作调动时会迷失自我，汪楠就是一个典型人物，他来向我寻求过帮助。

汪楠来找我时是在他成为技术部经理三个月后。当时坐在对面的他看起来正经历着巨大的痛苦，满脸都是疲惫。我问他现在的状况如何，他说自己原本是技术部门的标杆，公司技术平台很多先进的功能都是他设计的。每次技术更新时，都是他光彩十足的时刻，他享受那种被别人崇拜的感觉。三个月前，他被提升为技术部经理，成了三十多名技术人员的负责人，却一下子找不到感觉了。他对如何管理他人并不擅长，也不太感兴趣。角色的变化，让他必须从自己原来的“高光时刻”走出来，努力带领其他人一起走向“高光时刻”。但使他成为技术标杆的专业性恰恰成为他对其他人挑剔和不满的根源。三个月下来，很多人都对他有怨言，他也陷入了痛苦和纠结中，怀疑自己当初的选择是个错误，因为他原本并不希望成为这样的一个人。

汪楠的遭遇并非个例，很多曾经做得很优秀的人在转变身份后，却难以施展自己的才华，发挥不出自己原本的优势，最终只能以失败告终。这就是“成功并非赢在终点，而是赢在转折点”的道理。要成为真正的成功者，先要学会用成功者的视角看待问题，用成功者的标准要求自己，才能更接近成功。你可能会说：“我当下根本没有选择，我只能如此！”是的，为成功做出一些转变，有时是自己有意为之，有时是机缘巧合下公司的委以重任。无论因何转变，都要回归本心，思考自己内心真正的需求，那是让你获得成功与快乐的根本。成功与快乐是相辅相成的，只有快乐地成功才能长久，你才会享受其中。

第三，发现尽可能多的资源。

陷入困境时，人们往往会对身边的资源毫无觉察。“我只能……”“我不得不……”“我一定要……”“我真的没办法……”这些是资源贫乏状态的典型语言模式。畅销书《高效能人士的七个习惯》的作者史蒂芬·柯维博士，将这种心态称为“受害者心态”。此时，我们将自己置入了“只能如此”的困境中。

我们自身具备的资源其实很多，除了外部的资源，你拥有的知识和技能，能够帮助你的亲朋好友，能够给你以指引和反馈的导师，还有你的金钱、房产或者私家车等，都是很好的资源。当然，还有很容易被我们忽视的内在资源，那就是我们过往的经验，面对问题时自信、开朗、乐观和持之以恒的态度。

积极心理学之父、美国著名心理学家马丁·塞利格曼认为，面对一种挑战性的状况时，丰富而强大的内心可以发挥积极的作用。他认为心理资源贫乏的人，很容易进入一种恶性循环，最终导致“习得性无助”的出现。就像戴上了一副“过滤镜”，心理资源贫乏状态的人透过这个镜子，看到的都是问题和挑战，过滤掉的是资源和选择的可能。

第四，提高行为的灵活性。

明确目标，发掘资源，接下来就是在行为上付诸实践。因此，提高行为的灵活性至关重要。面对一项任务时，我们应当想出至少三种解决方法，这才是能力的体现。如果只有一种方法，那我们只能孤注一掷，不成功便成仁。就像历史上著名的“不肯过江东”的项羽，他在垓下之战中败给了刘邦，最终败退到乌江边上。有一个渔翁驾着一叶扁舟，说可以救他渡过乌江回到江东。项羽一口拒绝了他，这位西楚霸王已沦为败军之将，感觉自己愧对江东父老，最后自刎于乌江边。如果有两种选择，常会让我们变得左右为难。即将毕业的学生常会面临是进入职场，还是继续考研的两难境地。也常有职场人士认为工作和兴趣难以两全，自己希望培养的兴趣一直未曾尝试。面对这种状况，史蒂芬·柯维专门提出“第三选择”来论证如何突破两难，创造性地找到了双赢的第三条道路。这就是三种解决方法的价值所在。

行为上的灵活性，能有效避免出现“受害者”状态。因为，它能够推动我们想出尽可能多的方法，而不是纠结于问题本身，让自己获得身心解放。可以说，行为上的灵活性越高，能力也就越大。第三种选择并非永远都存在，但纵使思考过后仍旧选择按照当前的路线发展，也是一种进步，因为你已经脱离了“只能”的被操纵者心态，转变成了“我想”的主动选择心态。在转变的过程中，你已经跳脱出了盲目的循环。

焦虑形成的三大原因：3. 工作与生活无法平衡

生活中，每个人都在追求一种平衡状态，工作与生活、快乐与成功能否达到自己心中的预期，如何求得最大限度的平衡，对不同的人来说，答案都不相同，因为每个人心中“平衡支点”的位置都不相同。

从横向来看，可能一个人认为每天花三十分钟陪伴家人，然后把其余时间全部用于工作，便视为一种理所应当的“平衡”。但对于你来说，可能觉得无论如何都要保证每天有超过两小时的深度陪伴，然后再把工作在八小时内做好，才是自己认为的理想状态。两者没有好坏对错之分，关键在于自己是否认为这种状态达到了成功与快乐的平衡。前者认为平衡的重点在于工作上的成功和快乐更加重要，两者都能从工作中获得，成功与快乐是一体的。而对于你来说，是将成功和快乐分别放在工作和生活两个方面，是割裂开的。

从纵向来看，处在不同的人生阶段，“平衡点”的位置也会不同。孔子说："吾十有五而志于学，三十而立，四十而不惑，五十而知天命，六十而耳顺，七十而从心所欲不逾矩。"在人生前半段，更加注重外部的成功，后半段享受的是内心的快乐。正是因为人生苦短，所以成功需趁早。"莫等闲，白了少年头，空悲切"里有岳飞气壮山河的抱负；"廉颇老矣，尚能饭否"透露出辛弃疾感慨自己年老，无法建功立业的哀叹与辛酸。

如果把我们的一生看作一个跷跷板的话，前半生，我们用自己的聪明才智甚至健康来换取成功，急切期望能够用外在的成功将自己支撑起来。这个阶段"目标"的回报远小于"自我"的付出，是用时间的累积甚至以身体为代价去换取价值回报。后来，我们立足越来越稳，但以前过度透支身体的隐患开始逐渐显现。这个阶段，我们可能要用前半段的收获来为当初的透支买单。就像过度使用一辆汽车后，车子出现了大大小小的问题，不得不为它做检修。如果此时仍不加注意，到最后，我们只能暂停使用这辆车，甚至不得不送到维修厂进行大修。

可见，我们苦苦追求成功的过程中，需要注意的就是这种平衡关系的获得。避免为了短期目标而付出难以挽回的代价，比如健康、关系、情感。要学会合理运用自身的资源，让资源产生最大化的合理回报。平衡才是最高点，而最高点的选择，以及平衡点的位置，就是仁者见仁智者见智了，在后面的内容中我们将详细地进行说明，让你有更深入的体会与认知。要想让生命状态更加平衡，成就卓越，需要带上两样东西，放下三种心态。

既要目标清晰，又要脚踏实地

吉姆·柯林斯在其经典著作《从优秀到卓越》一书中提出“第五级经理人”的理念。柯林斯认为，“第五级经理人”是集合了“谦逊”和“意志”双重标准的卓越成功者。其实，“第五级经理人”所具备的“谦逊”说的是做人的品格。一个心怀“谦逊”的人，一定是善于自我觉察的人，对自身的优势不骄傲，能够看到他人的长处；对自身的劣势不恐惧，能够敞开胸怀拥抱成长。而“意志”说的是做事的品格，在推动企业从优秀向卓越迈进的过程中，艰难险阻必不可少，只有强大的意志才能激发必胜的潜能，在前路暗淡时找到希望的些许光亮，带领企业不惧黑暗，勇敢前行。可以说，“第五级经理人”正是因为带着两个制胜法宝：看自己的“镜子”和看方向的“窗子”，才能创造从优秀到卓越的奇迹。

让我们来做个练习。选一个安静、不易被打扰的环境，闭上双眼，深呼吸几次，让自己处于完全放松的状态。拿出一张纸和一支笔，写出你当前最期待的三个成功目标，可以是关于生活的，也可以是工作方面的。然后，对每一项目标分别进行两次打分，一个是当前阶段的分数，另一个是自己期望中的分数。最后，思考这两个分数之间为何会存在差距以及产生差距的原因。

拥有目标感对于成功来说至关重要。当我们时刻记得目标在哪里时，前进的路上就不会轻易迷失方向。管理学大师彼得·德鲁克说过“文化支撑战略”（Culture eats strategy for breakfast），这是在硅谷广为流传的一句管理名言，意在强调企业文化对企业的重要性。微软、苹果、亚马逊等企业也都有独特的企业文化做支撑，且无一例外，都有明确详尽的制度保障企业文化的落地。

企业文化之于企业，就如目标之于个人。努力前行的过程中，我们除了要低头走路，更需要保证方向的正确性，这是前提，也是基本。为自己树立一个成功目标，是让你透过心灵的“窗子”去看未来。你能够看多远？能够看到什么？看到的是什么状态？你也许会问：“这对我有什么用呢？”窗子的最大作用就是让你看到外面的风景，吸引自己的目光，追寻那些美好的风景。透过窗子，每个人看到的景色不尽相同，看到的距离也远近不同。不用担心，这是因为我们关注的点不同造成的。有人看得近，是因为自己更加关注当下；有人看得远，是因为他在努力寻找人生的意义。无论远近，“窗子”的意义就是让我们具备一种意识，那就是把当下的努力和未来的目标关联起来，关联得越紧密，当下的努力就越有价值，努力的动机也就越强。

请想象如果此刻就是你人生的终点，你希望如何评价自己？你的评价就是自己看重的。它像一面看向内心的“镜子”，能够照向我们平时不易察觉的内在。每个阶段的评价点不同，其共同点在于每个阶段你是否作了最正确的选择。你看重的、关心的、讨厌的、感谢的有哪些，你在什么时候最放松，什么时候最有压力，这些外在表现背后的状态，就是“镜子”希望看到的。前面讲过，对自我的发现，有一种方式是通过测评，我们可以在最短的时间内了解自我。你外在的呈现背后是你的人格特征、动机、特质、价值观和你心中自我的形象。更重要的是，报告的结果在增强自我认知的基础上，可以对我们的行为进行修正，指引我们进一步优化行为。

向外看的“窗子”和向内看的“镜子”需要相互统一，才能让外在的行为更有行动力，也更能透过外在行为实现内在的追求和期望。只有目标足够清晰，且能够脚踏实地地朝着目标迈进，才能避免出现史蒂芬·柯维所说的状态，那就是：爬上墙之后，才发现梯子搭在了错的墙上。这种统一性在面临重大人生选择时尤为重要。

知道自己内心的需求，然后在行为上做出调整，需要极大的智慧。我的朋友李菁菁在怀孕时就经历了工作选择与人生目标之间的碰撞。她拥有戴尔公司销售部门超过五年的精彩履历。个性张扬，竞争意识极强，她个人的销售业绩名列前茅，后来还带领了一个二十多人的销售团队，团队业绩也很突出。不过，这种优异表现所获得的成就感随着怀孕变得荡然无存。怀孕五个月的她，被调岗到戴尔官网维护部门，没有了攻城拔寨般的畅快，取而代之的是以稳妥为标准的单调乏味。按照她自己的说法，这种状态就是兴趣、能力和价值三个维度上"三不沾"的状态。"你知道，如果不是怀孕，我肯定还是销冠，现在的工作根本没有发挥我的特长和个人优点。"对于接下来的计划，她坚定地认为，"准备现在或休完产假后，立刻寻找新的目标职位。"

可以说，对于李菁菁而言，她的"窗子"足够清晰，那就是成为受人瞩目的销售冠军，拥有被人尊重甚至崇拜的成就感。但现实已经改变，也是不争的事实。那么，她当前的目标应该是什么呢？"你觉得怀孕生子是不是也是一种成就？"是的，对于她来说，充分享受难得的怀孕生产过程，成为一个称职的妈妈，是当下最大的目标。“如果我不作这种选择，以后是否会有再次选择的机会？”最终，李菁菁选择了安心在家做一个好妈妈，因为她一定还有机会从事销售工作，获得那种成就感。如今，她有了一个健康快乐的儿子，回到了戴尔的销售岗位上继续为业绩拼杀，她为当初充分享受了那段怀孕和生产的过程而感到高兴。

你有选择的权利，自己能够掌控人生的方向。坚信这一点至关重要，因为它能够让你避免陷入自我设限的“归因心态”。

限制成功的三种原因

阻止我们清晰地进行自我认知的因素，通常来自三种制约我们的“归因心态”，分别是：“我不想”“我不能”和“我没有资格”。这三种心态极大地抑制了一个人主观能动性的发挥。

首先，来看“我不想”。现在的你想要改变自己所处的状态吗？你可能会认为我当前一切都好，没有什么需要改变的地方。殊不知，正是这种“还不错”的认知让我们忽略了身边的环境正在变化，周围的人正在积极求变，大有“弯道超车”之势，等到我们醒悟过来的时候，可能就为时晚矣。

有人说，将所有的事情分类，其实我们身边一共只有三件事，即老天的事、他人的事和自己的事，我们需要做的就是仔细关注这三件事，用智慧去应对。天下不下雨、刮不刮风、日升日落、冬去春来，这是“老天的事”，不以我们的意志为转移。应对“老天的事”，唯一的方法就是“顺应”。领导管理得好不好，同事在工作上配不配合，下属给力不给力，这是“他人的事”，我们可以通过“理解”来看待这类事情，很多时候没办法强求。而我开不开心、积极不积极，以及想不想，是自己的事，是能够把握和调整的。其目的就是为了更好地顺应“老天的事”，能够更好地理解“他人的事”，强化彼此之间的信任，争取合作而非对抗。因此，“想不想”是自己能够决定和把握的。在看到趋势改变、组织调整、关系恶化时，需要从“我不想”的限制性想法中走出来，避免因拒绝改变而让自己从优势地位跌入劣势地位。

这种因为“我不想”而被淘汰的例子比比皆是。无论是诺基亚被苹果弯道超车，还是微软放弃收购谷歌，最后成就了谷歌的巨无霸地位，都是当时处在优势地位的优秀者缺乏对趋势的把握，醒悟过后为时已晚的典型例子。企业如此，个人也是如此。身在职场多年，却不愿意接受新事物，学习新技能，自认为“专业”的职场老手，最终被自己看不上的新人所取代，这样的故事每天都在上演。改写“我不想”思维的方法就是提升“敏感度”，对趋势的敏感度，对人际的敏感度，对自我成长需要的敏感度。当今时代，缺乏敏感度，一定会丧失发现和把握机会的能力。

其次，来看“我不能”。每个人都有可供改变的资源，也有做出改变的能力，无论多么艰难的情况，都有选择的机会。投入多还是少，态度积极还是消极，学一小时还是两小时，都是自己能够把握的事情。“我不能”是一种“我现在暂时还不可以”的当前状态，而非拒绝改变的永久性结论。

一个人的成长通常会经历四个阶段：无知无能阶段、有知无能阶段、有知有能阶段以及无知有能阶段。如果问在这四个阶段中，哪两个阶段之间的转变最难，你可能会说是从有知无能阶段向有知有能阶段转变的过程，原因可能就在于当我们知道自己缺乏某项能力，需要有所提升后，到真正具备这项能力，需要一个漫长的学习与培养过程。回想一下，你是如何学习打字的，从原本每分钟只能打二十个字，到最后能打两百个字，需要记按键的位置，两只手相互配合，把键盘组合和文字发音对应，再到不断重复这个过程，直到不用看键盘也能够快速、正确地输入，真正成为一种能力。因此，具备一项能力除了“想到”之外，更需要“做到”，这必须经历一个过程。

所以，应对“我不能”的最好方式，是在前面加上“我暂时不能”，能力的培养需要一个过程，只要给予学习的时间，找到正确的方法，增加锻炼的机会，就会让能力得到培养，成功解决问题。

最后，来看“我没有资格”。资格是一种身份，资格的缺失表明了权利的丧失，这是一种比前两者都更具有限制性的思维模式。因此，我们就不难想象职场中，为何有那么多的人认为公司战略定位与自己的价值取向不符，他们通常都认为那是老板的问题，自己很难改变。这就是资格缺失的结果。

罗伯特·迪尔茨被称为“现今对NLP（神经语言程序学）贡献最多的人”，他提出的“身份层级模型”，能够最好地体现资格缺失的影响。在该模型中，身份层级包括五

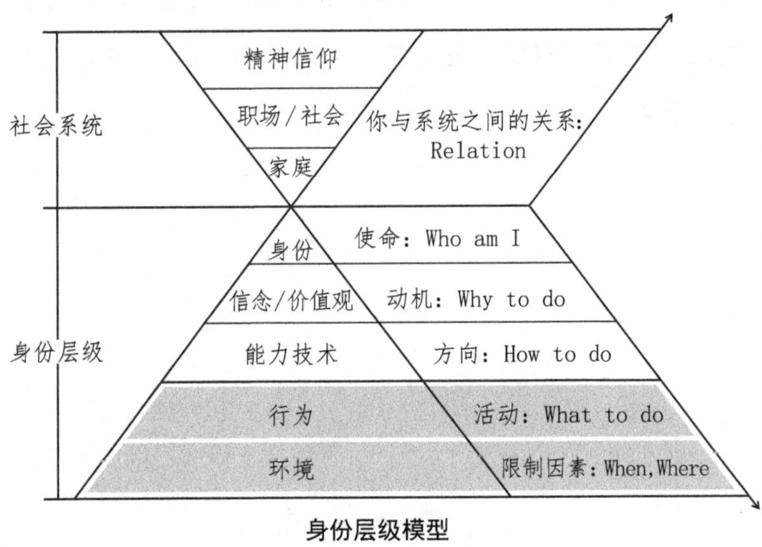

身份层级模型

个等级，从最下层的“环境”“行为”，到中层的“能力技术”“信念 / 价值观”，再到“身份”，再往上是“系统”，也就是大环境。通过该模型，我们会看到：每个人都会置身于系统环境之中，并在各种环境中逐渐建立“我是谁”的身份感。身份是多元化的，在其中会形成众多的价值观、信念等，来支撑身份的存在。不同的价值取向，对应着相应的多种能力。能力通过不同的行为显示出来，并在具体的环境中进行展现，获得相应的回应。

资格就是身份，资格缺失就是身份的缺失。因此，“我没有资格”的状态，是让下面对应的价值观、信念走向封闭，是限制能力发展和行为展现的根源。同上面两种心态相比，“我没有资格”是引发前两种心态的根源，是最根本性的限制性思维。

实现跨越式成长的关键要素

想做出改变，除了需要意志，更需要方法。在接下来的内容中，我们会通过不同的角度，与你分享实现跨越式成长的关键要素。这些关键要素都是基于以下三个方向，且它们是一体的、相辅相成的。

1. 积极的意愿。做任何尝试，要获得成功，都需要从意愿入手。在这方面，表现最好的是孩子，他们总是能够积极主动，带着好奇和探索精神，去迎接各种状况。拥有积极的意愿，就是允许失败。你会看到孩子为了尝试走路，跌跌撞撞无数次，但都挡不住下一次的尝试，直到最终成功站起来。唯有如此，才能让自己有更好的状态，有更佳的表现。很多时候，意愿是至关重要的，甚至比最后的成功更加有意义。

2. 灵活的方法。在很多章节的练习中，我们会要求你运用尽可能多的方法去尝试、去体会，以便获得更多的觉察。这样做有两方面的好处，一是让你突破唯一的或非此即彼的限制性思维，二是让你突破“舒适圈”的边界，尽可能接近未知，这种尝试在面对成长中的未知时至关重要。

“有效果比有道理更重要”，我们面对挑战时，常常不是在方法上积极改变，而是在情绪上不断升级，最终陷入“非输即赢”的限制状态。只要你用心关注一下父母教育孩子时的无助，就更能懂得灵活的方法是多么重要和必需了。

3. 将想法付诸实践。学习的目的是实践，把学到的知识和方法通过行动运用到自己的工作、生活中，引发自我的改变，提高人际关系的质量，强化你在工作中的价值感，并且在这个过程中，成为一个就像稻盛和夫所说的“比原来更好的人”。当你陷入无法得到领导支持、同事理解和下属协助的困境时，与其纠结于“为何大家都不理解我”，最好的方法就是走出去，和领导、同事以及下属面对面沟通一下，让大家彼此了解。伴随积极行动而来的常常是巨大的惊喜，这是付诸行动的巨大价值。

章节练习

下面是让自己更清楚人生的方向，找到成功路径的十个人生问题，用心思考一下，想一想你会如何回答。在回答过程中，按照自己真实的内心期望而不是他人对自己的期待来回答。完成后，看一看自己当前的状态是否与期待的目标一致。在此过程中，关注决定你人生幸福的两个关键：一扇“窗子”和一面“镜子”。坦诚地和自己对话，真诚地接纳自己的一切想法和选择，因为它们一定有其存在的价值。

向自己提出的十个人生问题清单

1. 十年后，你想要成为什么样的人？

2. 你的想法是否和身边的人交流过，并达成了一致？

3. 他们对你的想法有过什么样的建议？哪些你接受？哪些你不愿意接受？

4. 你是以何种心态和他们交流的，平和、开心还是被动?

5. 你有哪些优势能助你达成目标? 哪些劣势限制了你的目标达成?

6. 你的目标是因为想成为某个人，或是因为人云亦云，还是自主思考的结果?

7. 除了听取别人的意见，你是否对自己内心的想法有过深度思考? 是全身心接受吗?

8. 有哪些资源能够推动你达成目标? 这些资源有哪些是你可以完全把控的? 哪些需要依靠他人?

9. 目标达成后的你，是自己希望成为的样子吗?

10. 目标达成了，你可能会失去哪些重要的东西? 这种失去，你能够承受吗?

第二章

颠覆固有思维，实现自我增值

思维质量决定生活质量。追求更精彩的人生，需要先从思维上有所觉察，进而努力突破。惯性思维会让我们对越来越多的事物习以为常，最终变得麻木不仁。只有变得更有敏感度，在觉察中修正自己，并不断行动，才能实现意识层面上更新的思考。

不固守既有的成功经验

进入培训咨询领域之前，我曾做过多年的企业文化建设方面的工作，在培训方面则没什么经验。因为在企业文化品牌宣传方面，我已经做得非常得心应手了，因此认为自己会在企业文化建设的方向上一直做下去。

后来，在为某一家公司工作的过程中，恰好碰到人力资源部门负责人离职，该负责人一方面负责人力资源部门的全面管理工作，还主抓企业培训的工作。人一离职，培训工作就没有人来做了。没想到，公司老总想到了我，提议让我担负起给公司员工做培训的职责。

我虽然在企业文化建设方面驾轻就熟，但对如何快速接手这个新的工作还是一头雾水，这成了摆在我面前的一个重大挑战。起初，对培训管理工作毫无头绪的我感觉这是领导对我的一种变相刁难，公司人那么多，为何一定要点名让我来接这个“烫手山芋”？后来，我甚至想干脆直接跟领导解释自己暂不具备培训管理的经验，或者以自己的本职工作繁重为由，推掉这项“额外”的工作。但冷静下来后，我换了一种新的角度来看待这件事：如果能够做好企业文化建设工作，为何不能挑战一下自我，尝试着去做一下这个新工作呢？而且，领导如此看好我，说明我还是很有发展潜力的！

但光有正向的思维是远远不够的，现实的挑战一点都不会减少，各种各样的培训任务立刻扑面而来。面对各种专业性极强的工作内容，我只能从零开始。于是，在接手培训管理任务的前两个月时间里，我每天忙得像陀螺一样停不下来。调研各个企业的培训需求，组织各种沟通访谈，设计学习项目，甚至是项目交付的全过程，我都要全程参与，一步一个坑，三步一个坎，那种感觉真是“痛并快乐着”。

在这个过程中，学习培训管理方面的新知识、新技能是我每天都必须克服的挑战。我只能凭借之前在企业文化建设方面积累的一些宝贵经验和培训管理工作部门新的合作同事帮助，边学边问，边问边实践，在探索中发现和总结培训管理工作该如何做。后来在实践的过程中，我充分发挥自己在企业文化建设方面沟通访谈、方案设计和资源整合的优势，才在培训管理领域走得越来越顺畅。由此，我的眼界也越来越开阔，不再惧怕新的事物，感觉自己成长了许多。

这告诉我们一个事实，那就是要想拥有更大的格局，需要勇敢地跳脱出过去的“舒适圈”，勇于尝试新的方法，探索新的可能，只有这样，才能脱离既有经验。因为每一个人的成长经验，决定了他如何对待一件事情，他会习惯用自己最擅长的方法解决问题。一个人的视野决定了他自身的出路，这个出路可能是成功的支点，也有可能会限制他更好的发展。

先来做一个连线练习，按照下列要求进行思考，然后在一分钟内得出答案。

练习：九点连线

步骤：

1. 取出一张白纸，在上面按正方形排列画出九个点，如右图所示；

2. 连接九个点，最多只能画四条直线，所有直线必须一笔画完；

3. 直线可以以任何角度呈现，完成后，每个点都要有一条直线连接。

如果你以前接触过类似的题，对于你来说应该就很容易了。这说明什么呢？说明我们曾经的经历带来了经验，经验决定了当我们再一次看到这道题的时候，我们知道应该怎么做。

这是好还是不好呢？很难说。好的方面，在面对同类问题时，以前的方式我们可以立刻拿起来用，减少了试错的过程，节约了时间。不好的方面，经验曾经让我们成功过，放到现在却不一定能够解决问题，因为情境变了，拥有的资源变了，结果自然也会不同。所以，从这点上来说，任何成功都是偶然的。我们若是不加判断地直接套用那些成功的经验，很可能不但不能成功，反而为失败埋下了伏笔。

在这个过程中，你能不能突破自身的思维界限，尝试更多的方式和方法。前面的任务要求必须一笔完成，这其实是为突破性思维做了一个范围的限定。创意不是毫无限制的胡思乱想，缺乏限制其实对于我们的突破性思维是一种威胁。所以，要实现突破性思维，需要满足如下四个条件。

1. 保持好奇心。用好奇心和探索欲打破思维界限，不要用过去的“刻板印象”让自己陷入“我不想”“我不能”

和“我没有资格”的状态中。

2. 限定范围。你可能需要在职场情境中思考如何提升自我，也可以更进一步，要求自己在进入职场的前三年，实现快速成长。让自己在一个范围内尽力发挥想象，而不是漫无目的地进行思考。

3. 不要用理性判断。要得到尽可能多的选择，就不能先用理性来判断是否可行，或者是不是符合自己的价值取向和原则，那是在可选的数量足够多的基础上，进行的下一步动作。

4. 从不同角度看问题。一个人的思维总会受限，如果可能，就邀请尽可能多的对这些事情感兴趣的人，或让有利害关系的人参与进来，通过大家的多个视角来弥补一个人的思维限制，突破思维的“盲点”。

任何一个问题至少应该有三种解决方法。我们可能常常习惯于用一种方式去解决，这叫经验。如果你能够想到两种方法，那就是你的知识和经验结合起来的结果。如果能想到三种乃至更多方法，那就需要更多的创意。网上曾经有一个“曲别针有多少种用法”的挑战，最后，网友给出的方案超过一千种，真的是令人惊叹。可见，如果打破思维界限，带着无尽的好奇和探索精神去寻找，一定能够产生让你自己都吃惊的无尽创新想法。

“九点连线”练习参考答案：

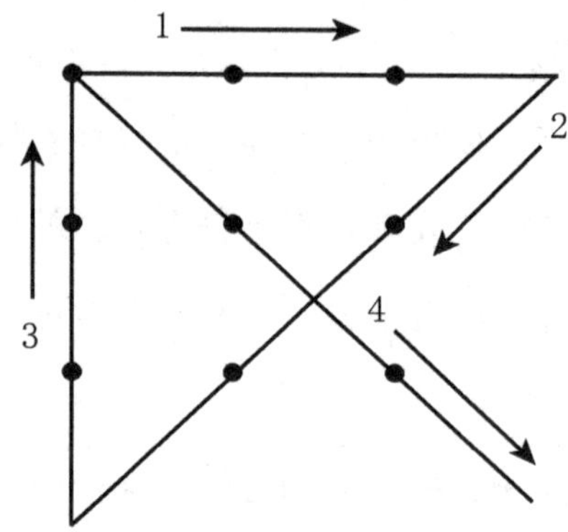

跳出思维的限制

心态决定行动，行动决定结果。要想早日达成目标，首先需要调整好自己的心态。你的态度对于计划的质量和目标的达成起着重要的作用。跳脱开三大自我设限的“归因心态”是首要的一步，它们限制的是你的“当下”。在此之后，要对未来怀有憧憬，那就要对未来精彩完全可期，对自我充满信心，对可能的结果坦然接受。

1. 对未来充满期待。目标设定在多长时间里是合适的？过去通常认为可以设定为十年，最少也得五年，这样才能让自己有一个较为长远的规划。如今，随着生活节奏的日益加快，人们对目标设定的周期越来越短，从五年到三年，甚至有人会认为一年也是合适的，因为一年内自己可能已经主动或被动地做了行业、企业或职位上的调整，太长的规划周期是件费力不讨好的事情。究其原因，这种想法的背后是对于未来不可控的“恐惧”心态。相信未来精彩可期，一是相信自己有资格拥有未来，二是相信未来比当下更加精彩，才会有更大的勇气从长远规划。

2. 对自我充满信心。曾经的成功可以让我们获得信心。但那些平凡的过往，甚至自认为失败的经历，常常让我们变得不那么自信，甚至开始自我怀疑，没有领悟到失败的价值。成功固然可喜，但失败也拥有无比的价值。罗振宇曾经在一档辩论节目中作总结陈词，他说：“前面我说过那么多的话，大家都可以忘记，但接下来我想说的这句话，却希望大家能够记住。我们的人生路上，会有很多的沟沟坎坎，我们经常会跌进去，如果我们爬上来了就是成长，如果爬不上来就是挫折。”是的，坎坷永远存在，那是我们成长路上必不可少的经历。对自己充满信心，才能更好更快地成长起来。

3. 对结果坦然接受。人生不会一直成功，有时候，我们也会跌得满身伤痕。但无论哪种结果，都是对前一阶段行动的反馈。无论结果如何，我们都得接受现实。我们常常会陷入死胡同，面对可以预见的失败也不愿做出调整，因为我们不能接受眼前的现实。“他为何这样对我？”“领导为什么不给资源？”“下属怎么就不能明白这么简单的道理？”承认现实吧，然后才有可能客观地分析，用更有效的方法去解决问题，而不是仅仅在情绪上难为自己。

保持自我挑战的四种方法

在追求目标的道路上，我们需要时常自省。如果行动与目标不相契合，那就需要停下来，做出改善，寻找新的方法去完成目标。今天的市场瞬息万变，面对日益激烈的竞争，我们需要不断改善现有的策略和方法，高效地利用时间和精力，对可能来临的挑战做出及时的应对。

团队领导作为领军人需要关注团队成员的动态，对团队成员提出的改进建议保持开放与包容的态度。此外，也要鼓励团队成员在合适的时机做出改进。当你乐于接受他人的意见时，他们自然也愿意接受你的建议。一旦个人和组织磨合成为一个强有力的整体，以完成目标为导向，所有团队成员的潜力都会被最大限度地激发出来，每个成员都能获得生产力提高带来的益处。

一旦想要改变，意味着我们必须跳出舒适圈，这存在一定的挑战性。那么，在具体实施时，哪些改变更具价值？我们需要做些什么？

1. 工作多而无头绪时，专注于优先顺序较高的活动。

提高生产力最快、最有效率的途径，就是将时间用在重要工作上。如果你的工作对达成目标帮助不大，或者说，你看起来很忙，却没什么成效，此时就应该警惕了，也许你只是荒废时间而已。想要更好地完成工作，更快地达成目标，必须确认你的时间花在了当下最重要的工作上。将手头的工作按重要程度进行排序，重要而紧急的先做，其余的事情可以往后放一放，也可以授权给别人去做。学会授权能帮助你节省出许多宝贵的时间，同时让他人有机会培养责任感、自我归属感和修炼解决重大问题的能力。帮助他人将时间用在对他们优先顺序较高的活动上，把自己的时间与精力专注于对自己优先顺序较高的活动，这样就可以在繁杂的工作中抓住重点，达成自己设定的目标。

2. 工作效率不高时，练习专注力。

自律能使人将注意力持续专注于某项工作，直至工作完成。设定自己的优先顺序后，不要让任何干扰或事件打断你。许多人在接受新的工作或任务，担负起新的责任后，开始时总会兴致勃勃，全身心投入，进展很快，但不久就失去了工作的热情，事情往往无疾而终。这种缺乏专注力的人，办事经常虎头蛇尾，可以说是毫无工作效率。我们必须时刻牢记工作目标，每天都朝着目标前进，专注于自己的工作，不屈不挠，努力追求，直至尝到成功的果实。

3. 不要拖延，立即行动。

完成计划的最佳方式就是立即行动——将想法付诸实践，现在马上开始！一项工作没有完成，原因不是从未开始就是还未完成，这两种缺乏生产力的时间模式，说到底就是拖延。大部分的拖延均源于几种错误的思维模式。以下两条准则能帮你逃脱这些思维的陷阱：首先，战胜畏难情绪，开始工作并持续下去。不要等到自己“觉得想做”时才去做，一项工作最困难的部分，往往就是开始，一旦开始，“灵感”常常随之而来。正如美国大发明家爱迪生所说：“天才是一分的灵感，加上九十九分的汗水。”其次，学会面对现实，有的工作不会因你早做或晚做而变得“容易”。把工作分解成多个有逻辑顺序的步骤，使每段工作都易于展开并很好地推行下去。马上开始工作，并以科学系统的方式向前推进，那种得心应手的感觉会让你坚持到工作圆满完成。

4. 不过分追求完美，重在结果。

工作中过分强调完美，常会带来负面的效果：怕犯错误，畏缩不前，只关心别人的想法却忘记了自己的目标。有目标的人知道分清事情的轻重缓急，他们花合理的时间，做特定的工作，再按规定的期限完成工作。有些工作只要完成即可，不值得花费太多的时间和精力去追求十全十美。即使是十分重要的工作，真正有智慧的人也知道要追求的是结果，不必过于在乎某些细节的完美。过于追求完美，只会打乱工作节奏，拖慢工作进度，有完美主义倾向的人需要时刻警惕。

主动变革，走出认知盲区

在某些情况下，那些我们不太关注的方向可能恰恰才是真正能够解决问题的关键。在商业领域，同行业内的其他公司并没有多可怕，反倒是跨界竞争让越来越多的企业胆战心惊，这样的例子比比皆是。苹果作为个人电脑生产商，却一跃成为手机领域的最大品牌，改变了诺基亚、摩托罗拉、爱立信等通信霸主的命运；微信作为一个即时通信 APP，成了让通信商们无比头疼的最大竞争对手。现在，很多行业的发展已经从原来的“线性成长”，演变成了“倍增式成长”，一个前卫大胆的创新想法，再加上资本的推动，常常成为引发变革的开始。

哪些会成为被我们忽视的“盲区”？我们可以通过如下五个方向去拓展思维，找到更多可能会创造惊喜的方向：

1. 讨厌的方向。我们之所以会讨厌某个东西，是因为它与我们自身的价值取向不符，与我们的理念相悖。这种不符常常让我们对其嗤之以鼻，不愿意一探究竟。价值观和理念本身就非常的主观，有很大的空间可供探讨。正如德国哲学家黑格尔所说，“存在的就是合理的”，遇事不要先用对错去评判，先去一探究竟，研究它到底为何会存在，也许会收获更多的惊喜。记得，原来很多人对“二次元”不感兴趣，不愿去了解。但如今“二次元”领域却存在着巨大的商机，聚集了很多优秀的资源。

2. 成功的反方向。成功让我们专注于一个方向，认为反方向则代表失败。殊不知，反方向恰恰是创造不同体验的新可能。例如，在处处以快节奏为主的当下，有人反其道而行，专门倡导“慢生活”，让自己慢下来，品味由于匆忙而忽视了的很多美景、美食、美好。成功的反方向不一定意味着失败，崭新的机遇很有可能在等待我们去发现。

3. 兴之所至的方向。自己的兴趣所在可以让一个人付出激情。你有多少兴趣停留在了空想阶段？没有机会付诸实践，或者在匆匆忙忙之中，成为一时的美好体验。兴趣曾经让我们心驰神往，今天，我们可以重拾兴趣，预留专门的时间去体验，有可能成为你重新发现自我的开始。

4. 过去失败的方向。成功会让我们坚定信心，愿意去重复体验。失败却常常让我们在经历之后，对其敬而远之。失败其实是在做排除法，就像爱迪生所说，“我并非在电灯发光材料上失败了上万次，我只是懂得了有上万种材料不能用来发光而已。”这就是失败的有效价值：失败的经验可以帮助我们更好地成长，思考如何才能成功。在曾经失败的方向上再换别的方法试一试，迎来的也许就是成功。

5. 资源贫瘠的方向。我们是有了资源，才决定去做一件事，还是想要去做一件事，才发现了很多可供使用的资源？当然是后者。因为前者限定了我们，让我们很容易落入“我只能如此”的心态中。但如果暂时放下资源贫瘠的限定思维，先考虑想要做什么，怎么做才能成功，然后回头再想需要哪些资源，就能更好地从更广的视野里寻找到更多的资源。就像企业的失败很少是因为资源缺乏造成的，根源都在人的身上，更确切地说是由人的思维造成的。通用汽车公司前总裁史龙·亚佛德说过：“你可以拿走我全部的资产，但是只要把我的组织人员留下来给我，五年内我就能够把所有失去的资产全部赚回来。”原因就在于此。

明确自我定位，对身边的资源进行取舍

布袋和尚曾经写过一首诗："手把青秧插满田，低头便见水中天。六根清净方为道，退步原来是向前。"说的是当你不再为眼前的景象所制约，放到另一个角度去看，看起来像是"退步"，实际上是"进步"。我们为了眼前的挑战而努力思考，想要尽快找到解决办法，却常常不可得。我们做了很多尝试，但就是百思不得其解，一直在困境中缠绕。那么，这个时候我们应该停下来，先休息一下。说不定休息过后再来看这个问题，会有一种豁然开朗的感觉。

成功与失败很多时候是相互转化的，一时的成功不代表永久，一时的失败也不意味着永远的失败。看淡一些，坚持下去，转机随时可能到来。

很多时候，我们把任务看得特别重，要求自己必须在限定好的时间内完成。其实，很多情况下，一时的成败得失，并不是最重要的。当我们一心往前冲的时候，会变得急功近利，严重者甚至会走进误区里，一旦开始钻牛角尖，胜利将会离我们越来越遥远。我们会忽略其他可能成功的方法，看不见摆在我们面前的其他路。当我们尝试着往后

退一步的时候，才能体会到“退一步海阔天空”的境界。

其实，不管是拓展思维，还是有效借用资源，最终目的就是两个字，叫作“定位”，即我们把自己定在什么样的位置上面。我们只有认清了自身的定位，才能懂得身边的资源应该如何取舍，如何选择，在前进的过程中如何发挥聪明才智，更顺利地摘取到成功的果实，才更有意义。

找到督促你成长的三面“镜子”

一个人想要成功，单打独斗是很艰难的，离不开朋友的相助。其中，有三种朋友最为珍贵：良友、益友和诤友。

良友是那种能够给自己建议和指导的人。他们在某种程度上是良师，总会在我们需要的时候，跟我们分享一些真知灼见，让我们过得更加顺遂。生活中的良友带给我们的是生命感悟，工作上的良友带给我们的是职场上的成长经验。对于初入职场的新人来说，能够在进入职场时得到良友的帮助，定会有更快的成长，更顺畅的发展。

益友是在起起伏伏的人生路上向我们提供援助的人。我们漫长的人生中，顺境有时，逆境亦有时，锦上添花的人会有很多，雪中送炭的人却极少，因而益友显得特别珍贵。当我们身处逆境时，益友能够施以援手，在精神上力挺我们，在物质上帮助我们。这样的朋友，不容易遇见，一旦出现一个，我们需要珍惜与感恩。

诤友是给我们以警醒，提醒我们保持清醒认知的人。这种朋友也许并不太受欢迎，我们当时也许并不懂得他们存在的意义，在一番思考之后，才能明白他们的存在对自己是多么的重要。历史上的魏徵辅佐唐太宗李世民开创贞观盛世，即是以“诤臣”的角色出现的。魏徵进谏，凡是他认为正确的意见，必定当面直谏，坚持到底，决不背后议论。对此，唐太宗曾经有几次甚至想要杀掉他。有一次，唐太宗问他：“你每次向我进谏时，只要我没接受你的意见，你总是不答应，不知是何缘故？”魏徵说：“陛下做事不对，我才进谏。如果陛下不听我的劝告，我又立即顺从陛下的意见，那就只有依照陛下的旨意行事，岂不违背了我进谏的初衷？”可以说，诤友像一面“镜子”，通过他们，我们可以发现过去未曾关注的事情，从而引起新的觉察。

回想一下，你的身边是否有这样三种朋友，带给你智慧的良友，对你积极支持的益友，还有帮助你觉察，让你反思的诤友。他们就像是三面“镜子”，用不同的方式带给你支持，促进你成长，让你迈出“理所当然”的窠臼。

章节练习

运用三个“假如”突破思维限制

成功跨越固化思维的限制，提升思维境界，可以尝试按照如下三个“假如”去思考。

假如你拥有神奇的魔法，可以去掉一切困难和限制，你觉得应该去掉什么？该项假设目的在于让你正向思考当前的困难所在，以及用神奇魔法让你去体会你拥有可以改变现状的能力。

假如你拥有达成目标的一切资源，你最希望使用哪些资源？如果资源不再是制约因素，那么成功达成期望的目标就不再是不可能完成的任务。该项假设让你从内在和外在两方面去盘点资源，为了能够成功，你会想办法去获取更多的资源。

假如现在是五年后，成功的目标已经达成，是因为你做了哪些事情？这是个未来性的假设，目的在于强迫思维发生突破，想象你已经站在成功的终点，回首看创造性成功需具备的条件。

假设训练的目的，是最大化探知“舒适圈”的边界，让我们先在头脑中模拟走出“舒适圈”的可能性。人类与动物最大的不同，是拥有想象的能力。对于一件事会经过两次创造，首先是头脑中的构想，然后才是现实中的实现。而假设训练可以让突破思维界限的风险最小化，在产生尽可能多的想法后，再选择最可行的方案加以实施。运用“假设性”思考模式，能够暂时放下对问题的执念，在更广的角度、更多资源的状态去构想未来。

第三章

做好整体的职业规划

一生中，每个人都会扮演多种角色，承担不同的责任。因此，要实现真正的成功，其实是源于一种全景化的平衡状态的寻求。从全景化的认知，到合理的精力分配，不断提高生命质量，一定需要在成功和幸福两个维度上不断努力，毕竟，缺乏幸福感的成功让人痛苦，缺乏真正成功的幸福追求并不可靠。

高效管理者的能力模型

美国知名学者罗伯特·李·卡茨（Robert L. Katz）针对超过五千名管理者的关键能力进行研究，这些管理者涉及基层、中层和高层多个层级。经过研究发现，这些管理者无论层级高低，都会涉及三项关键能力，并形成“高效管理者的能力模型”。他于1955年在美国《哈佛商业评论》发表《高效管理者的三大技能》，正式提出该能力模型。

能力模型包括如下三种技能。

1. 概念性技能（Conceptual Skill）。包括提出创新想法和思想的能力，进行抽象思维的能力，整体思考的能力，以及关键决策和影响的能力。

2. 人际关系技能（Human Skill）。包括与他人有效协作的能力，明确自身角色有效工作的能力，能够在自己领导的小组中建立合作的能力。

3. 技术性技能（Technical Skill）。包括能够运用特定的程序、方法、技巧处理和解决实际问题的能力，也就是我们平时所说的“专业能力”。

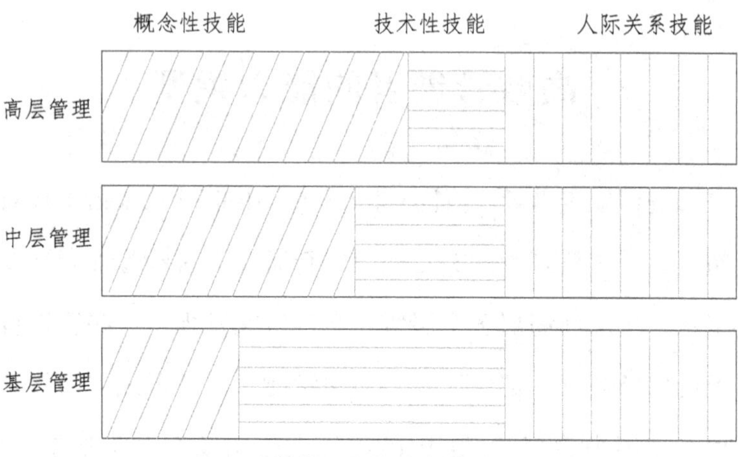

高效管理者的能力模型

在罗伯特·李·卡茨的能力模型中，我们会发现一个很有趣的现象，就是随着管理层级水平的升高，技术性技能所占比例越来越小，而概念性技能占比越来越高。这说明越是高层级，越是需要全景化的系统思维支撑，能够拥有更广阔的事业，不以偏概全是成就层级上升的重要因素。

要建立系统性思维，首先要建立全景化视角，从原本只关注一个点、一件事或一个问题，转而向纵向和横向进行扩充，关注更多相关的维度。这样，就能够突破“限制思维”，在更多的维度上，用更多元的视角进行思考。更重要的是，这种全景化视角，让我们把一件事放到更大的背景下进行思考，从多个角度获取资源。系统性思考让我们不会作出“非此即彼”的二元选择，更不会玩“非输即赢”的零和游戏。在这里，我们可以用一个“生命平衡轮”工具来建立这种平衡的系统化视角。

用生命平衡轮作好整体规划

生命平衡轮是教练领域的重要工具之一。让我们通过整体的角度去评判工作与生活各个方面的状态，突破单一的成功标准，关注生命中的方方面面。

实际应用生命平衡轮，可以按照如下步骤进行：

1. 准备一张A4大小的白纸，在上面画一个直径约二十厘米的圆，将圆分成若干等份，通常分成八等份，代表八个关键维度（也可以自己设定关注的维度，最少不少于五个，例如家庭、健康、事业、财富、人际等）；

2. 将圆心与对应圆周位置分成十档，代表满意程度，圆心处为一分（满足感最低），圆周处为十分（满足感最高）；

3. 盘点当前在每个关键维度上的状态得分，并用不同的色彩填充，最终呈现当前整体状态分布情况。涂抹区域大小代表满意状态；

4. 再次重复第1步和第2步，然后思考未来期望的各关键维度的满意分数，标示完成后同样涂抹该区域，代表期望状态；

5. 对比当前状态与期望状态在对应维度上的差异，然后思考两者中间存在的差异分别代表什么，以及这种差距需要通过什么手段去缩小。

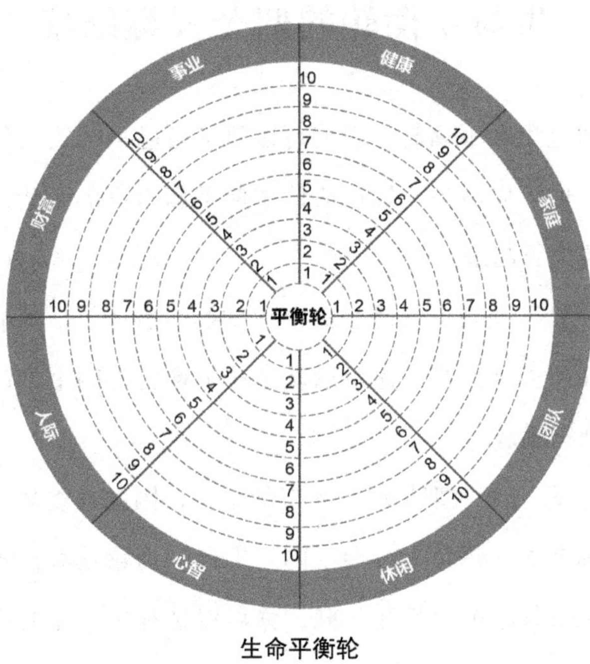

生命平衡轮

生命平衡轮的四个关键维度

通过生命平衡轮，我们可以思考自己最想成为什么样的人，也可以清晰地知道应该如何平衡自己的生活，使自己变得优秀起来。

你已经发现了自己生命中最重要的事情了，其他的事情该如何去平衡呢？这可以从生命平衡轮的四个关键维度中找到答案。

1. 每一个人都是独一无二的个体，因此在生命的关键维度选择上，每个人都会不同。生命平衡轮是对自我所关注的关键领域的个性化反映，你可以选择标准化的八个关键维度，也可以从其中选择几个维度，或者选择自己认为重要的其他维度进行评估，比如自己在工作中的执行力、技能、责任心、亲和力，或人际关系、学习能力、形象、健康状态等。生命平衡轮的建立主要是希望我们对自身有一个系统的认知。

2. 不同维度的打分没有对错，只有满意与否。生命平衡轮各维度的数据只代表自己当前的状态，每个人对自己关键维度的得分都有不同的理解，对于不同情景中的表现也不尽相同。有人认为某一个维度得分达到八分就已经很满意了，另一些人则认为，达到九分才是比较满意的状态。所谓的各个维度之间的平衡，其实是一种动态的平衡。得分高低没有好与不好，只是反映了自己对当前状态的满意程度。

3. 达成平衡状态的界限模糊却真实。这是一种什么状况？就是我们在平衡状态的修正过程中，每一个分值的变化都不能用纯数字来认知，而是一种感觉上的认知。一分是什么样的状态，二分是什么样的状态，十分又应该达到什么样的状态，其实没有准确的评判标准。因为当你试图用准确的文字去描述的时候，其实就是一种限定，但是同样的平衡轮对于不同人来说意义不同，因此，只有自己才最清楚自己当前的状态，清楚每一个关键维度所代表的内涵。

4. 不同时段有不同时段的完整状态。你可能会说自己年纪很小，还不到三十岁，认为自己的完整状态是这五个，但到了四十多岁，你可能认为自己的完整状态是另外六个维度，这是完全有可能的。这其实是另一种动态的平衡。同一个人，在不同的时段，对同一维度也可能有不同的理解。但是只要我们能够朝着生命平衡越来越圆满的状态去努力，就是生命平衡轮发挥出的最大价值所在。

在挑战中处于优势地位

有一个故事，讲的是有一户人家有两个男孩，外表长得非常像，但其中一个非常外向快乐，另一个却非常内向，经常哭泣。两个小男孩成长的环境一样，快乐的小男孩平时不管做什么都特别快乐，特别知足，总是欢天喜地；但性格内向的小男孩则非常自卑，每次和其他小朋友玩的时候都很怯懦。后来孩子的父母决定人为地调整两个孩子成长的环境，希望孩子的性格能够有所改变。他们让快乐男孩去干那些又苦又累的活，比如帮着大人去打扫肮脏的马厩；给内向自卑的男孩更多的玩具，让他可以在一个大屋子里面尽情地玩耍，希望他能够快乐一些。

过了一段时间，孩子的父母决定去看看两个孩子的状况。他们准备先去看打扫马厩的快乐男孩，他们认为让孩子一个人收拾又脏又臭的马厩肯定有点困难。当他们来到马厩，很惊奇地发现外向开朗的男孩正在又脏又臭的马厩里玩得不亦乐乎，浑身上下脏乎乎的，但是他一直在马厩里面边收拾东西边玩耍，没有表现出丝毫的不开心。接着，他们去了内向孩子待的那个房间，他们原本以为这个男孩会非常快乐，因为他从来没有玩过这么多的玩具，也没有这么大一个房子让他尽情去玩。但是打开房门，他们惊讶地发现，这个小男孩正抱着一个玩具哭泣。父母问他："你为什么要哭啊？"这个小男孩边哭边跟父母说："这么多的玩具，我真的不知道应该玩哪个……"原来，孩子因为选择时犹豫不决，觉得特别痛苦，因此只能用哭来表达感受。

我们常说"性格决定态度"，一个人的性格决定他面对一件事情时的态度。正所谓"境由心生"，拥有乐观心态的人，苦也是乐；悲观的人，在好的环境里也不会幸福。心态比环境更重要，当我们的心态不圆满时，再完美的计划也很难达成。我们需要调整好自己的心态，从不同的角度或不同的维度看待事情，更加准确地看待自己。

每一个人选择的维度可以不同，这代表每个人的关注点不一样。关注点主要来自三个方面，分别是个性、意愿和技能。

1. 个性使然。一个人关注什么，很多时候是由于自身的个性。比如，有的人比较关注文艺方面的东西，他会显得比较感性，内心对于感性的事物比较有感觉；有的人对于理性或技术方面的东西非常感兴趣，他的逻辑性思维或理性思维更加充沛。不同个性的人关注的方向和角度都会不同。

2. 意愿强弱。我们愿不愿意关注某一方面，多数情况下是因为我们的意愿。愿意关注，我们就会用更多的资源、更多的时间去深入钻研它。如果我们没有这种意愿，即使在别人眼中我们拥有非常好的条件，手握很多的资源，我们也会像故事中的悲观男孩那样，以消极的态度去面对和处理事情。

3. 技能高低。技能是抓住机会的敲门砖。我们在大学里学了某个专业，或者是参加了某个职称评定，这都是职业优势。正因为有了这些优势，当你面对新的挑战或接受一个崭新的任务时，你就会比别人更加有信心去应对。

因此，这三个方面结合起来，才能让我们在竞争中处于优势地位。其中，个性是内在的，意愿是自身的选择，技能是资格的保证。

减小关注圈，扩大影响圈

在做过前面的平衡轮练习后，你可能已经决定了自己接下来要在哪个方面做重点提升，弥补自己的不足，让平衡轮的状态能够更加圆满。在这个过程中，我们需要关注一点，那就是平衡轮的各个维度之间是相辅相成、相互影响的关系。各个维度之间都存在一定的关联性，其中有一个限制因素决定了你如何调整和优化平衡状态，那就是“能量水平”。你整体的能量水平是一定的，如果将总量看作一百点的话，你需要在不同的维度上合理地分配这一百点，这一百点就成为你优化平衡轮各个维度，达到你期望的平衡状态的“限定”。

平衡轮的背后，体现的是你对自己精力的合理分配。当你关注某一点的时候，就会在这个方面投入更多的精力，同时，你也一定会在其他的维度上降低一些关注度，因为你的时间是有限的，总能量也是一定的。你不可能对每一件事、每一个维度都给予同等关注，关注度肯定有优先级的排序。所以，平衡状态是一种动态的平衡，各个维度之间此消彼长。当我们调整状态，达成自己满意的平衡时，你可能说自己在这一点上是平衡的，自身觉得特别满足。那只是一时的状态，等到过了一阵子，当有了新的任务，换了新的角色，承担了新的责任，这种平衡状态就会发生变化，所以说平衡状态不是绝对的，整体上处在不断的变化发展之中。

史蒂芬·柯维在《高效能人士的七个习惯》一书中，提到了两个非常重要的概念，一个叫关注圈，一个叫影响圈，这是决定我们成功和幸福的关键影响要素。

所谓关注圈，就是我们在实际工作和生活中，有意愿去关注的各个维度或者方方面面。所谓影响圈，就是我们能够影响和改变的方方面面。关注圈体现的是期望，影响圈反映的是能力。在这两个圆圈中间，就是我们的成就感和幸福感。

我们并非对所有事情都有下决定和做出改变的能力，这种能力的大小就体现在影响圈的大小上。你在某一个维度上有一定的影响力，当你参与其中的时候，你能够决定一些事情。而在我们能够决定和改变的范围之外，就是我们期望和关注的方方面面。关注和影响是两个不同的概念。

每个人对这两个圈子的关注度不同。有人更看重影响圈，有人更看重关注圈。在我们的意识中，我们经常会不由自主地关注自己更感兴趣的方面，想扩大自己的影响圈。这两个圈对我们来说其实同等重要。关注圈其实更多的是让我们关注自己的目标，或者我们期望达到的结果，我们关注什么，反映出我们希望在这方面达到什么样的状态，希望自己有所作为。而影响圈提醒我们注意自己当下的状态，我们自己的能力有多大。

每一个人对于关注圈和影响圈的侧重点不同。把焦点放在影响圈的人，是积极主动者，他们立足于自身影响圈的扩大，努力实现现实的改变。把焦点放在关注圈的人，是消极被动者，他们更看重自身的关注和期望，不断扩充着关注的范围，却常常忽视了影响力的同步发展。

关注圈与影响圈具有统一性。单纯关注“关注圈”，很容易变得“眼高手低”，过多关注期望，忽视了能力的积极提升，最后会陷入消极、被动的境地。单纯关注“影响圈”，很容易陷入“实用主义”的泥淖，只做自己喜欢和擅长的事情，而忘记了追寻更大的目标和挖掘更多的潜力。因此，正确的做法是除了“仰望星空”，还能够“脚踏实地”，知道自己的能力有多大，可以为了目标做出哪些努力，然后一步步地朝着自己理想中的目标迈进，去挑战，去奋斗。

所以，我们要关注“关注圈”，明确自己期望的状态，然后再回头好好看看“影响圈”，有针对性地提升为达成期望所需的知识、技能、经验，以及个性上的调整。再结合生命平衡轮一起来看，我们就能更好地梳理自己的人生规划，明确未来的期望，在一年之后、两年之后或者几年之后，我们要达到一个什么状态，可以再画几个同样维度的平衡轮，然后思考在下一个节点要达到什么样的状态，努力永无止境。

将失败前置，主动试错

面对一件事情，一个人可作的选择越多，证明他的能力越大，因为他比别人有了更大的自由度，更多的弹性空间。正是因为解决问题的方法多了，我们才不会因为一时的困难而觉得天塌了，所有的东西都不行了，避免从意识上走入死胡同，陷入钻牛角尖的状态。要达到同一个目标或拥有同样的结果，可以从更多的维度上进行选择，条条大路通罗马，最后殊途同归。

看似毫无关系的一个方面，可能恰恰是影响全局的关键。曾经在网络上流传很广的“最牛辞职信”事件，让那位辞职的女教师突然间火爆全网，当初的那句“世界那么大，我想去看看”，让她放下了教师的工作，到外面的世界游历了一番，无论结局如何，相信这件事会对她生命中的各个关键领域进行一个重构，她必须重新认识自己，认识各种角色对自己生命的意义。这就是看似毫无关系的一个想法，影响到全局的一个典型例子。因此，我们在成长过程中可能会得到专家和导师的引导，但是，具体要选择哪条路，最终决定权都在我们自己手上。他人为我们提供的路只能作为参考，而我们最终的选择可能超出了可选的范畴。因此，我们要达到一个目的，很多情况下需要我们有一些另辟蹊径的手段或者思维，并且要有一种勇于尝试的心态。只有勇敢地做出尝试，才能发现各种可能。

尝试的过程，就是试错的过程。每种选择都有可能成功，也有可能失败。因此，试错是让我们走向成功，验证何种方式最有效的方法。即使已经有许多成功者向我们提供了宝贵的经验，我们也不能直接套用，需要放在当下的环境中进行验证。验证的过程中，我们需要做到如下三点。

1. 不断尝试。带着好奇心和探索欲去验证每种选择。不要停留在空想阶段，这是很重要的。有些人在咨询时经常会问："你觉得怎么样？"我经常会告诉咨询者："为何你不去和对方确认一下呢？"

2. 就事论事。在试错的过程中，要就事论事，把自己与结果，尤其是失败的结果，分开来看。避免将问题和失败与自己画上等号。那种因为一次失败就完全否定自己，自暴自弃，觉得自己真的很没用的"归因心态"是不对的，千万要不得。你并不是问题本身，你只是还没有找到成功的方法而已。

3. 增加觉察。多次失败以后，并不一定能成功，只有觉察能够让你不断修正，最终找到成功的路径。因此，觉察能力是自我修正、不断前进的关键。

因此，要找出事情正确的解决方法，达到一种积极快乐的圆满状态，首先我们要做的就是不要把一次的失败归结到我们自己有问题上去，而是要学会就事论事。比如某次考试没有考好，你在总结原因的时候可以说：“我这次没考好，是因为我有些马虎，只要我再仔细一点，就可以做得更好。”这就是就事论事，而不是把没考好和自己的智商关联到一起，说自己的智商存在问题。如此，才能让试错成为觉察的开始，继而成为走向成功的阶梯，这是至关重要的。

提升你的认知维度

很多时候，我们要尝试解决问题，可能需要一些另辟蹊径的创意。爱因斯坦说："同一层面的问题往往无法解决，需要从更高层面找方法解决。"从更高的维度看待一件事，才能有更深入的认知，选择不同的解决方式。要提升自己的认知维度，需要我们做到如下几点。

1. 重构你的思维模式。思维上的升级，是让我们达到一种"你好，我好，大家好"的状态。从原本只考虑自己，到能够兼顾他人，站在对方的立场考虑问题，甚至再提高一个层次，站在集体的角度考虑问题，这样就能够兼顾各方的利益。

2. 强调有效性的原则。在我们从改变到创变，重构思维模式的过程中，需要我们有一个意识：有效比有道理更重要。有时，我们在自我修正过程中，常常认为自己不能这样做，不能那样做，是因为觉得它没有道理，或者不符合原则。但要获得如前面所说的超越思维界限，常常需要勇于迈出看似不合理的界限，才能让不同以往的状态发生。

3. 允许不完美的结果。当你有了行动，哪怕最终获得一个不完美的结果，也要比你在心态上追求更完美的计划，但迟迟没有行动来得更加重要。永远相信：改变现实的不是想法，而是行动！

要从改变到创变，需要我们重新认识自己的优势，更要重新认识自己的弱势。很多时候，我们常常过度关注自己的弱势，却疏于关注自己的强项。众多的来询者，当谈起自己的弱项和不足时，能够列举出很多方面，但问他们自己有哪些优势时，却经常不知从何说起，表现得极度不自信。所谓的优势和劣势，其实是相对而言的，在某一个情境中的优势，可能恰恰成为另一个情境中的短板。这其实有两个方向的理解。

第一个就是我们可能认为某一个方向是我们的弱项，但是如果我们转换一种视角去看待它，可能会成为我们的强项。比如，一个人在财务工作中仔细、认真、严格，但如果把这种风格放到与人相处时，可能就会被人看成斤斤计较、不通情理。

第二个就是充分发挥优势，而不是努力弥补弱点。每一个人都有弱项和短板，“短板定律”告诉我们：一个水桶能装多少水，其实取决于最短的那块木板，所以我们要积极地弥补自身的短板。但是我们也要知道一个事实，就是我们每个人都有无数的短板，有些短板容易弥补，有些却难以改变，比如性格、价值观，我们不可能弥补得了所有的短板，要学会扬长避短。如果我们仅仅关注自身的弱项，可能很多情况下，就会忽略我们自身的强项。

这种状况在实际生活中经常会出现。比如说一个家庭里面有两个小孩，其中一个一直很优秀，另一个表现很差劲，那么他们的父母可能会怎么做呢？他们会一直关注这个不好的小孩，因为他们认为让一个孩子弥补不足很重要，养成好习惯很重要。这恰恰会以忽略那个优秀的小孩为代价，很少肯定他、鼓励他，只有在给两个孩子作对比的时候，才会关注一下那个优秀的孩子，会跟表现不好的孩子说："你一定要好好努力啊，你看你哥哥或者你姐姐多优秀啊。"然后把几乎所有的精力都投入到培养那个表现不好的孩子身上。但这种培养方式有可能会产生负面的影响，那个表现不好的小孩一直还是不太努力，因为他认为表现得再好也比不上那个优秀的孩子。而那个被忽略了的原本表现优秀的孩子，由于没有得到足够的关注，最终他可能会觉得非常没意思，也无法变得更加优秀。

所以，对我们来说，强项其实是我们前进动力的根本。

正是因为我们有了强项，才有能力做好一件事，在这件事上更加有信心。如果我们过于关注自己的弱项，“影响圈”的范围会越缩越小，更不会有勇气思考“关注圈”的事。所以，优势才是我们真正可以带来突破的根本，而弱项是永远存在的，需要基于优势的发挥后，提升自信，增强对自我的认知。在这个过程中，我们要逐渐积累成功的经验，这种成功的经验是推动平衡轮达到更加平衡状态的一个重要基础。其中，有两件事十分有价值。

一是完全成功的经历。过去的成功，会为当前的创造性发挥提供信心，让自己能够沿着成功的道路继续探索，成就更多的成功。

二是完全被爱的经历。被别人关心是一种幸福，这种幸福感能够让我们在面对挑战时，相信即使失败了也不会像天塌下来那样严重，一定有人会帮助自己。

现在，在你的心中，有多少这样的经历呢？成功和被爱的经历越多，内心就会越丰富，面对挑战时就会更加自信，表现就会更稳定。

不论是改变还是创变，肯定都有一个尝试的过程，可以用一些可实现或可量化的标准去评判事情的进展是否顺利。所以从改变到创变，需要我们从思维上升级，坚信我们能够改变，也要在改变过程中，不纠结于是否有道理，而更多关注当前方法是否有效。

管理学大师彼得·德鲁克曾经说过："预测未来最好的方法是去创造未来。"与其预测自己的未来会变成什么样，不如从现在出发，通过切切实实的行动，去创造一个属于自己的更加圆满的未来。

章节练习

完成你的个人使命宣言

“一个内心燃烧着熊熊火焰的人懂得取舍。”每个人都有自己的生活，个人使命宣言工作表清楚地表明了每个人独特的生活方向，个人存在的理由，并且给出生存问题“我来到这个世界是为了什么”的答案。个人使命是一块情感的试金石，它会释放你内心强大的感情，个人使命不是一个狭隘的目标，而是全局的指导方向。它不是要限制你，而是推动你成为自己想成为的人。

谈到个人使命，涉及的时间不是片段的，而是长远的，往往指代了人的一生甚至更久，蕴蓄着一股强大的生命力，深深嵌入生活的每一部分，成为每次选择背后的推动力。

个人使命宣言工作表

	重要价值观描述，越详细越好	你最大的愿望？长期目标描述	压力与挑战	短期目标描述
身体健康				
家庭天伦				
社交文化				
个人理财				
心智教育				
精神道德				

在我工作的团队中，我的价值在哪里？我能为团队带来什么？

____

____

____

哪些品格是我想拥有的？哪些人是我学习的榜样？

____

____

____

在团队中，我想发挥什么样的影响力？

____

____

____

第四章

培养“以终为始”的战略思维

当我们面对挑战或经历挫折时，目标显得尤为重要。设定目标的价值在于让我们始终清楚应该如何分配时间，我们还需要做出哪些努力。同时，目标的确立还能够让我们分得清事情的类别，按照轻重缓急去处理，对待众多的事情，不再是“一视同仁”，也让我们对资源的挖掘和使用有更清晰的认知。从这点上来看，目标就是前行的“指南针”。

用结果导向进行思考

《爱丽丝梦游仙境》中讲了这样一个小故事：爱丽丝走到一个能通向不同方向的岔路口时，不知何去何从。于是，她向小猫请教："您能否告诉我，我应该走哪一条路？"

"那要看你想到哪儿去。"猫说。

"到哪儿去，我并无所谓。"爱丽丝说。

"那么，你走哪一条路，也就无所谓了。"猫说。

猫的回答富有哲理：如果我们不知道要前往何处，那么，任何道路都失去了意义。有一句英国谚语说得好，"对一艘盲目航行的船来说，任何方向的风都是逆风。"找到目标才能让行动更有意义。

目标的价值是为各种行为选择提供意义支撑。人的一生中总会经历各种各样的挑战，具有目标导向思维的人，面对挑战时，会更容易把挑战看作"机遇"而不是"问题"。目标就像是指南针，让我们在实际行动中，不至于陷入问题思维模式，而是用结果导向进行思考，可以理性地判断为了获得期望的结果，需要采取什么样的情绪状态，做出什么样的努力，以及把关注的焦点放在哪里，才不会让自己成为无助的“受害者”，而是积极的“改变者”。

越是优秀的人，越是对目标异常看重。其实，目标确定的过程中，对两样东西的明确至关重要。一件是“喜欢的”，另一件是“不喜欢的”。对于孩子来说，喜欢什么和不喜欢什么，可能是异常清晰的。他们每天都会在喜欢的事情上投注精力，而在不喜欢的事情上直接拒绝。而随着年龄的增长，经验的增加，我们常常会觉得这两件事情明确起来越来越难。

如果你愿意，现在拿起纸和笔，写出三件自己最喜欢的事情和三件最讨厌的事情，然后看一看，这两者之间有什么样的区别和联系。你可能对此还不太有感觉，那么，你也可以思考如下问题。

1. 这件事情为何让自己喜欢？

2. 这件事情能带给自己什么价值？还有呢？

3. 这件事情为何让自己不喜欢？

4. 这件事情带给自己什么感觉？

5. 你希望获得什么正向的感觉？还有呢？

通过以上五个问题仔细分析喜欢和不喜欢的事情，再去探求事情背后的原因。比如：我喜欢的三件事情是做培训、写文章、看书，不喜欢的三件事情是无谓的吵架、方案被多次修改、和缺乏社会责任感的人合作。

对应上面提出的五个问题，可以做如下分析：

1. 我喜欢在培训中分享和互动的感觉。

2. 这件事情让我能够带给别人知识和能力，能够让我被认同，让我感觉开心。

3. 我不喜欢无谓的吵架，因为无谓的吵架不是在讲道理，而是在发泄情绪。

4. 这件事情不能带给我认同感，看不到彼此的价值。

5. 我希望获得的正向感觉是被尊重，体现出自己的价值感。

所以，我们会发现如果从喜欢和不喜欢两个方面去层层分析，会发现这两个方向其实是同一个方向，是我们心中价值感的两种不同形式的表达。这样分析之后，我们就不太容易被事情的外在表现所影响，转而去关注事情背后真正的价值。

树立一个成功榜样吧，给大家讲一个名不见经传的世界冠军的故事。

1984 年，东京国际马拉松邀请赛，名不见经传的日本选手山田本一出人意料地夺得了世界冠军。当记者问他凭什么取得如此惊人的成绩时，他说了这么一句话："凭智慧战胜对手。"当时许多人都认为这个偶然跑到前面的矮个子选手是在故弄玄虚。马拉松比赛是考验体力和耐力的运动，只有那些身体素质好且有耐性的选手才有望夺冠，爆发力和速度都还在其次，说用智慧取胜确实有点勉强。

两年后，意大利国际马拉松邀请赛在意大利北部城市米兰举行，山田本一参加了比赛，这一次，他又获得了世界冠军。记者又请他分享成功的经验。山田本一性情木讷，不善言谈，回答的仍是上次那句话："凭智慧战胜对手。"这次记者没再挖苦他，但对他口中所谓的智慧仍迷惑不解。

十年后，这个谜终于被解开了，他在自传中写道："每次比赛之前，我都要乘车把比赛的线路仔细地看一遍，并把沿途比较醒目的标志画下来。比如第一个标志是银行，第二个标志是一棵大树，第三个标志是一座红房子……这样一直画到赛程的终点。比赛开始后，我就奋力地向第一个目标冲去，等到达第一个目标后，我又以同样的速度向第二个目标冲去……四十多公里的赛程，就被我分解成这么几个小目标，最后轻松地跑完了比赛。起初，我并不明白这样做的道理，我把我的目标定在四十多公里外终点线上的那面旗帜处，结果我跑到十几公里时就疲惫不堪了，我被前面那段遥远的路程给吓倒了。”

山田本一说的不是假话。心理学家得出了这样的结论：当人们的行动有了明确目标，并能把自己的行动与目标不断地加以对照，进而清楚地知道自己的行进速度与目标之间的距离时，人们行动的动机就会得到维持和加强，就会自觉地克服一切困难，努力达成目标。

明确目标，做正确的事

“突破的根本在于突破后你想要什么”，这便是“以终为始”的目标思维。目标决定你能够取得什么样的结果。目标是行动的前提和根本，就像本书希望帮助你在多个方面有所提升，但你该重点做出哪些提升，应该在哪里做出更多的觉察和修正，其实取决于你的目标和个人的实际需要。相对于最终的目标而言，现阶段的任何任务都是微小的，都只是通往成功的途径而已。通过这些任务，最终达到目的才是最重要的。突破思维的局限很重要，但是我们也要考虑，我们要突破它的最终目的是什么？我们的目标足够明确了吗？是不是我们完成了一个任务，知道了某个答案，就可以立刻停止前进了？

“以终为始”强调做正确的事要比正确地做事更为重要。做任何一件事情的时候，都要考虑这是否对最终的目标有所助益。它就像我们在海上航行一样，少不了灯塔的指引。而在前行途中，我们会采用不同的方法，众多的方法就是不同的航道。航道可以不同，但灯塔的位置是固定的。我们每个人“以终为始”的“终点”是不同的。正因为终点不同，从起点向终点的选择也是不一样的。

终点不同，标准也不相同。纵然可以将终点设置成同一个，比如考上大学、成为销售经理、创业成功等，每个人在努力的过程中，选择的手段和判断事情轻重缓急的标准也不同。允许选择的多样性，就是让自己有更多的可能性。为了做到“以终为始”，更好地完成目标，我们可以问自己如下几个问题。

1. 你当前最大的目标是什么？

2. 要达成目标，你有哪些方式可以选择？

3. 在这些方式中，按照重要度、紧急度、可行度三个维度排列，你会有什么样的发现？

当我们知道了最终的目标，我们才能说从初始点到终点，我愿意选择什么样的路。“条条大路通罗马”，罗马只有一个，通向它的道路却有千万条。

开创三赢新模式

这是一个“共赢”的时代，任何的损人利己或损己利人，都不能长久，只有“共赢”才能永续前行。古语说“财上平如水，人中直似衡”，保持公平、公正、公开，才能赢得他人的信赖，得道多助。这其中，包括对自己的态度、对他人的态度和对环境的态度三个层面。

1. 对自己的态度。

你的一生能够取得何种成就，最重要的决定权最终还是在你自己手中。你的态度、期望、决心，对你的时间使用模式和个人生产力均有影响。当你渴望提高个人生产力，想拥有更多的时间追求更高的境界，想发挥更大的能力，就要从自己的态度开始。你需要有充分的自我认知，调动出自己积极的态度，判断哪些有助于个人生产力的提高，充分发挥自己的优势。你还需要拟定个人计划，修正你的态度和行为，并以你现有的优势为基石，提高生产力，从而变得更加成功。

2. 对他人的态度。

你对他人的态度反映了你对自己的真实感觉。接受自己是一个独一无二的、拥有多项能力的个体，肯定自己有很大的潜力，能对家人、朋友、同事、团队作出贡献。对自己越有信心，对他人的信心也会增加。

相信他人与相信自己有很大关系，它是良好人际关系的必备要素。在当今竞争激烈的商业社会中，良好的人际关系显得格外重要。掌握工作中所需的专业知识只是良好生产力的基本条件，若要将生产力提升到最高，还需要懂得如何与人相处，以便更好地发挥自己的专业技能。强大的工作能力和良好的人际关系能大大增强你的生产力。有了能力和人际关系，很多事情你将无往不利。每天的人际交往，都是你发挥对他人的正面力量的绝佳机会。肯定他人的意见和贡献，表现出你对他人的欣赏和尊重，表达出你对他们所作贡献的赞赏，安排一些时间，全神贯注地聆听他们的意见，让你们共处的时间对双方都有助益。

和那些能帮助你节省时间、增加生产力的人结交朋友，互为助力。当你表现出接受他人意见的态度时，他们也会如此对你。这样产生的加乘效果是很惊人的！当别人知道你真心在乎他们、倾听他们的意见、替他们着想时，他们会变得更加积极，生产力自然会提高，你也将因此获益。

3. 对外部环境的态度。

许多企业控制范围之外的情况，也会影响到组织内人员。外部环境因素可能是政府法令、竞争环境、工作团队中重要人物的离去，甚至是业务突然大增，急需大大提高产量的情形，等等。而人们应对外部环境的态度对于生产力的影响程度，要远超出外部环境本身的影响力。

在一个有效的、有生产力的工作环境中，领导者会将所有外在的改变都反映到组织的优先顺序中。当团队的领导者和全体成员都能够不因外部环境而灰心，用积极的态度去思考，去抓住机会，那么他们就能将外部环境的挑战看作重新思考工作内容和方式的机会。他们会将外部环境视为对自己创造力的挑战和团队进步的象征。

让自己对未来保持积极乐观的态度，为周围的人树立典范。不要让外部环境的影响变成惰性或降低生产力的借口。相反地，要对外部环境及其产生的变化持有积极的态度，积极的态度能帮助你采取积极的行动，解决外部环境带来的问题。积极的态度能把问题转化为机会，让低迷的状态出现转机，将绊脚石变为垫脚石。

一个问题亟待解决，这除了你自己以外，还需要他人的配合，甚至外部环境的支持时，你需要考量如下四个方面。

1. 这件事情对我的意义是什么?

2. 这件事情对于参与者的价值是什么?

3. 这件事情对于整个集体目标的达成，意义何在?

4. 我有哪些资源可用?

这其实需要我们努力思考，努力达成“你好，我好，大家好”的“三赢”状态。当你选择的解决方案能够很好地解决问题，并且对别人有一定的帮助，至少不会伤害到别人的利益时，身边的人和环境才会愿意支持你。当符合这三点的时候，这个方案才具有实施的价值。

用 G-SMART 模型分解目标

有多少人定下了目标，却没有付诸实践？又有多少人在朝向目标的路上半途而废？如果缺少了平凡的坚持，即使再伟大的梦想都无法实现。如果无法将目标细化分解，终归还是难以企及的梦幻。

在前文的练习中，我们已经学会了用目标导向思维去制定目标。也许我们做好了一切准备，却发现原来这个目标不具备可实施性，没有足够量化的行动指标，或者一切条件都具备了，却忘记给目标定一个截止时间点，仍旧有与期望结果失之交臂的巨大风险。因此，将目标进行细化与完善就成为必不可少的一件事。

无论是需要重新制定目标，还是需要对当前的目标进行检验和修正，都可以用到 G-SMART 模型，这是一个以终为始的目标梳理工具。

G——goal，指目标。完善目标首先需要再次确认你想要什么，希望达到什么结果，这是一切目标制定的根本。例如，如果你把努力工作当成目标，就是有问题的。因为努力工作并非结果，而是手段，你需要多问自己几个 Why so（为何如此），可能你会发现，原来努力工作是为了内心能够安定。

S——specific，指具体明确的。目标的达成需要用具体明确的状态加以体现。这个目标达成后，会出现什么样的情景？你会在哪里？周围会有什么人？你在做什么，是一个什么样的状态？目标的体现要足够具体、细化、形象，才能让目标更具吸引力。

M——measurable，指能够衡量的。你怎么判断目标达成了？目标达成过程中会经过几个阶段？有没有里程碑？只有出现能够衡量的状态指标，才会知道目标已经实现了。你可以用三个显性指标作为目标实现的标识。例如：你成功拿到了某类证书，取得优秀的考试成绩，完成具体的业绩指标，等等。

A——achievable，指可以达到的。一个完全无法达成的目标是不具备吸引力的，也根本激发不起目标制定者的行动意愿。“可以达成”其实可以作为目标完善过程中，除目标外第二需要考虑的重点，因为如果不能达成，就需要作两种选择：重新制定目标，或把目标分成多个阶段。

R——relevant，指平衡关联的。一个维度上目标的实现会受到其他维度的影响，反之，也会影响其他维度。平衡关联维度是将目标放在全景式的视角中，判断该目标在实现过程中，会对哪些部分造成影响，这种影响是动力还是阻力，该目标的实现是否会为其他目标的实现作出贡献。

T——time-bound，指设定期限的。期限是对目标实现的保证。从期限长短上，可以把目标分成短期、中期和长期目标。通常，需要先设定长期目标，然后再向中期和短期目标细化，从而保证与目标形成对应，便于在实现过程中，做到以终为始。

修正理想与现实的落差

曾经有一句话很风靡，“理想很丰满，现实很骨感。”其中透露出对理想与现实之间巨大落差的揶揄和无奈。现实是不完美的，有许多事情我们可以坦然接受，更多的是我们不太需要，但又客观存在的，比如肥胖、坏脾气、糟糕的人际关系、不给力的合作团队等。对那些不太喜欢却很难改变的东西，你的感受是怎样的？可以借此审视内心，修正自己，以达到更幸福的状态。也有可能希望尽快扔掉它们，让自己能够轻松自在。或许会选择破罐破摔，既然改不了，那就只能如此，随性而为吧。

面对不喜欢的东西时，相信很多人都希望赶快扔掉它们。如果短时间内不能去除，也要尽可能地隐藏起来，希望永远不被别人看到。但如果你想获得更好的状态，首先有一条原则，就是“接受”。

对于现实生活中存在，我们希望拥有但暂时还没得到的东西，要学会理性地对待。可以通过如下几个步骤做出修正，让自己有更佳的表现。

1. 欣然接受。没有人可以事事顺利，一生中难免会有所缺憾。想要拥有某个东西必然会经历一个索取的过程，在努力追寻的途中不放弃，才能找到更多的途径和资源去弥补暂时的缺憾。

2. 积极应对。很多时候，渴望拥有的东西，并非一朝一夕能够得偿所愿。给自己一个缓冲，不是总带着“他有我也要有”的急功近利的心态去面对，让自己轻装上阵，以积极的心态去应对，才能有行为上的灵活。

3. 审视自己。仔细审视自己的内心，理性看待某些东西对自己的意义。判断到底这些是他人希望自己拥有的，还是自己真心希望得到的。很多时候，我们的很多想法和期待是受了外界的影响，尤其是家人的影响，而造成的一种“自以为”的错觉。

4. 综合分析。终其一生，每个人都会拥有一些东西，也会有许多的求而不得。前面章节我们说过，人一生都在追求一种日益完整的状态。从多个角度去评估当前状态，把关注点放在真正应该关注的事情上。因为如果从单一角度思考，很容易造成获得后却发现并非自己所要的状况。比如，在生命平衡轮练习中，很多人认为需要提高满意度，首先需要提高工作收入，这样才能让自己有更多的能力照顾家庭，与朋友维系良好的关系。殊不知，当我们一门心思投入到工作中的时候，我们不再有时间和家人相处，也少了和朋友相聚的机会。原本希望的提高收入的手段，可能恰恰成了影响最终圆满状态达成的根源。

在理性看待存在感时，有一个需要遵循的原则，这就是史蒂芬·柯维所说的“道德标准”。也就是说，你要知道自身拥有什么，我想要什么，我有哪些优势，我有哪些劣势，等等。特别是面对不足的时候，需要付出很大的勇气，这就需要用“道德标准”来考量。

举个例子，相信很多人开车时，情绪总会变得不稳定，极易愤怒且爱骂人，这被称为“路怒症”。我过去很长一段时间里，开车都会有“路怒症”。一上车就会性情大变，开始对别人开车的方式气愤不已，别人胡乱闯红灯，我会发怒；并道却不打转向灯，我更会发怒；别人开车磨磨蹭蹭的，我还是会发怒；遇到拥挤路况时，更是抑制不住地怒了……一路上都怒气冲冲的，满嘴的抱怨。

当我冷静下来时，才发现原来所有的这些负面情绪都是不必要的，也起不到任何的作用。这些事情是客观存在的，我不可能改变某些人开车过程中的错误行为。反过来，我若能够接受这种客观存在，并在自己开车过程中有效避免因为他人的不规范而引起的交通事故，才是我理性看待存在感的正确方法。

同样，这种事情也发生在亲子教育方面。比如现在很多家长会说，自己家的孩子特别内向，每次见到人都不愿意主动打招呼，真是太不懂礼貌了。于是，这些家长们就会拿某一个性格开朗、主动和人打招呼的孩子作对比。因为家长认为孩子太过内向和不爱打招呼是不好的。但是，如果我们换到另外一个情境中，假如孩子面对的是一个心肠比较坏的人，甚至是一个别有用心的人呢？不喜欢和陌生人打招呼，能够避免很多有可能的风险，那么你觉得这是好还是不好呢？这就是特质的“相对性”。世界上没有绝对的好与坏，只有适合与否，如果适合，那就是好的，不适合就是坏的。

我们的生命中，总要有一些能力，能够让我们在众多的选择中，决定自己可以收获多少成功和快乐。这个决定我们拥有多少成功和快乐的人不是别人，正是我们自己。我们如何看待自己的能力，如何看待我们选择的权利，才是决定我们真正有多少成功和快乐的真正根本性的东西。

利用复盘，完成十倍速成长

反思，是成长过程中必不可少的事情。每隔一段时间，就应当对自己的经历进行总结式回顾，这种行为在管理上被称为“复盘”。日常生活中，我们也应当隔一段时间进行一次“复盘”。只有当我们站在当下往回看时，才会发现问题。回顾的时段和频次因人而异，有些人可能认为一个月或两个月就需要回顾一下，也有些人按照一年或两年的频次进行回顾。

反思是结合两个纬度进行的。一是“时间维度”，另一个是“最关注什么”，总结起来，就是回顾和反思在过去的一段时间内，我做了多少自己应该做的事情，效果怎么样？又做了哪些不太重要却紧急的事情，对于自己的成长并不大，当时是因为什么才会这样做？

举一个关于学习的例子。很多人都在学思维导图，但大家学习思维导图的目的不尽相同。有些人将其当成一个兴趣爱好来学习，觉得很有趣，就去学了。也有人将思维导图看得比较重，认为这是一种梳理思维、调整状态、打开人生格局、修炼创造性思维的重要工具，很认真地去学。

带着什么样的初衷来学并不是特别重要，重要的是一段时间过后，我们需要思考这个工具对自己有什么价值和意义。如果很有价值，那当然好；如果没有太大收获，那就当成一个小乐趣也无妨。

反思，在某种程度上是勇敢者的游戏。因为通过反思，我们要真正面对自己的弱点，挑战自己，做自我剖析，找出自己存在的问题，不怕暴露自身的缺点，这才是真正有意义的反思。在这方面，让我们来看一篇 Facebook（脸书，美国的一个社交网络服务网站）创始人扎克伯格写的反思文章，体会一下勇敢者的游戏。

Facebook 已经十四岁了。

这是个反思的时机。反思我们从哈佛宿舍出发走了多远；反思还要走多远，才能让整个世界更紧密地联系在一起；还要思考怎样才能做得更好。

人们有时问我，这一路走来学到了什么。我创办 Facebook 时只有十九岁，对如何办公司、如何打造覆盖全球的互联网服务一窍不通。这些年里，你们能想到的所有错误，我几乎都犯过了。我在技术上犯过错误，也做过愚蠢的交易；犯过小材大用的错误，也犯过大材小用的错误；曾错过重要的趋势，更有反应迟钝的时候；有的产品失败了，我却没能吸取教训。

这个社区之所以能活到今天，并不是因为我们可以避免犯错，而是因为我们坚信自己在做的事情非常重要，值得不断尝试，来应对最大的挑战。我们非常清楚自己会一而再、再而三地失败，但只有这样才能不断前进。

改进的路上无处歇脚，我们只是刚刚上路。保持专注向来是我们的长项，也是今年最重要的事情。

让亲朋好友紧密联系是件很有意义的事情。十四年来，我有幸参与到这件有意义的事情中，我对我们的事业非常自豪。

章节练习

生命线探索练习

步骤：

1. 绘制生命线高低潮。

2. 从记录图最左侧开始记录，一直向右延伸到当前状态，标记 15 ~ 20 个事件后，用一条线把所有点连接起来。

3. 对事件进行说明，用一两句话简单对高潮和低潮事件说明，特别是关系到个人兴趣、技能和价值观等方面的因素，如“设计过……”“领导过……”“组织过……”。

4. 在说明时，还要指出事件发生的背景，即活动的地点和主题。如不要简单写“唱过歌”，要写“在校内才艺秀上表演过歌曲《小雨纷纷》，观众反应热烈”。

5. 在生命线上梳理出至少五个生命线事件。

关于高潮和低潮事件

1. 回想生活中出现过哪些高潮和低潮事件，然后在记录图上罗列出来，回忆上溯时间尽可能久远。

2. 记录图中，纵轴代表高潮、低潮，横轴代表时间。

3. 高潮和低潮事件分别指：

①生活中具体的、重要的事件，可以是好事或坏事，可以和个人或职业相关，涉及范围不限，包括工作、社交、情感、爱好、学习经历、精神追求等各方面。

②清晰记得的重大事件，导致个人感受强烈的事件。

③重大的职业变化，包括积极和消极变化。

“生命线探索”练习可以让我们更真切地体会到过往的成功与失败经历，对自己当前来说意义如何。这些事情的发生在当时可能影响巨大，至今仍旧意义重大，例如考上大学、成立家庭、拥有孩子等。也有些当初仅仅是作了一个很小的决定，但对自己如今的人生轨迹产生了很大的影响，例如由于某种兴趣的尝试而改变了自己的事业轨迹。肯定有一些事情，当初认为很重要，如今想来却只是生命中一个小的点缀。因此，我们需要时不时对自己的“生命线”进行回顾、反思，拥有更加清晰的成长路径。

第五章

高效工作，战胜焦虑

即使我们已经选定了终生奋斗的目标，过程中也并非一帆风顺。我们一生中会遇到许多的挑战，其中有两个挑战影响深远，即时间挑战和精力挑战。我们的生命是有限的，不可能有无尽的时间可用，也不可能始终保持同等水平的精力状态。所以我们必须作出选择，在最宝贵的时间里做哪些事情，才会产生最大的价值回报。当我们清楚了这件事，就有勇气合理地安排时间，以求最高效地利用时间，每一天都走在更加接近目标的路途上。

将事情按照重要程度排序

目标达成过程中，我们会面对层出不穷的各种状况，为什么要把事情进行轻重缓急的排序呢？我们每个人都不得不承认，我们不可能一下子做完所有的事情。所以，必须分清主次，高效利用时间去办最重要的事情。这背后有两个原因存在：首先，我们的时间是有限的。我们必须用有限的时间完成更多有价值的事情，获得最大的价值回报。其次，我们的精力也是有限的。始终保持充沛的精力去完成所有的事情，是绝对不可能的。因此，我们必须把自己最好的精力用在价值最大的事情上。

确定主次顺序，首先要对所有事情的重要性作一个判断。确定主次顺序的难点在于我们通常知道什么事情不重要，但却不容易取舍到底哪一个更重要，哪一个是次重要。很多事情具有相关性和复杂性，往往让我们无从取舍。很多情况下，当我们制定了目标之后，对于事情轻重缓急的选择，就会成为摆在我们面前的一个重要挑战。

对事情轻重缓急的安排是与有效的时间管理关联在一

起的。时间管理上有一个著名的“四象限法则”。其实，我们并不能管理时间，因为再怎么管理，一天也只有二十四个小时。我们需要管理的其实是事情在我们心中的“价值感”。我们会把所有的事情划分成四个类型：“重要并且紧急”“重要不紧急”“紧急不重要”“不紧急也不重要”。每个人判断轻重缓急的标准不同。面对许多事情的时候，到底哪一个最轻？哪一个最重？哪一个最先？哪一个最后？很多人都会陷入比较迷茫或者很难抉择的一种状态。

除了轻重缓急这个标准我们需要考虑之外，还有一个需要考虑的问题，就是重要的事情和资源与条件的限制之间如何取舍的问题。很多事情，我们可能觉得异常重要，但在当前的资源储备和条件下根本不具备可行性。此时有两种选择：要么退而求其次，选择次重要的事情来做；要么把最重要的事情分阶段做，先做能够做的事情，等条件成熟后，再完成剩余的部分，这都是合理的选择。但无论如何，我们都需要先分清楚这些重要的事情到底能否改变，这又回到“关注圈”和“影响圈”的范围。

通常，要成功解决问题，让自己保持最佳状态，需要知道事情通常会分成三类，区分开这三类事情是让自己成功和快乐的根源。一类事情叫“自己的事”，一类叫“别人的事”，还有一类叫“老天的事”。自己的事情，全力以赴去做；别人的事情，商量着做；老天的事情，则要接受它、顺应它。比如：健康问题是自己的事；让别人来给自己做协助是他人的事，要看对方的意愿；而国家政策、法律法规、社会趋势等肯定是“老天的事”，需要我们在接受它的基础上去做事。三类事情如何排序呢？首先当然是把自己的事情做好，然后再去积极沟通，请他人来协助自己，一起做事情，最后才是顺应老天的事。自己不能改变的事情，不要勉为其难。

现实生活中，要解决一件事情，我们很难会遇到一帆风顺的境遇。所有的状况都顺利，所有的资源都具备，周围所有的人都会全力以赴来协助，我们有用不完的资源，还有享受不完的各种支持，并且想要什么时候完成就什么时候完成，这肯定是太过理想化的。风险无处不在，但我们必须赢得漂亮，这就要求我们拼尽全力，克服重重困难，努力在资源缺失的情况下，集中所有的优势资源，尽可能做到最好。

让思维保持弹性

思维是具有弹性的，意思是面对一件事情时，在思维上保持松弛而专注，并能够更好地进行创造性思考的思维状态。思维的弹性该怎么训练呢？我们可以从四个方面进行尝试：信念、感官、工具方法、组合。

首先是信念方面。如果我们认为任何一件事情都应该有三种及三种以上的解决方法，那就要在信念上承认，有三种及三种以上的解决方法存在，只要我们有足够的好奇心和探索欲，就一定能够找到，进而愿意从多个角度去思考、判断和解决问题。在这些备选方法中，有些能够取得成功，有些会导致事情半途而废，有些则是完全不具备可行性。纵然不具备可行性或最终失败了，我们也会从思维层面上认为：没有失败，只有反馈。无论成败，都是对我们的一种提醒，告诉我们目前使用的方法是否合适。不合适的话，就换另一种方法再试。

其次是感官方面。心理学上把五种感官称为“表象系统”。我们的一切经验都来自五种感官对信息的感应，把信息的反馈传递到大脑中，经过转化，形成了记忆。每个人对外界信息的吸收方式有所不同，归结起来有三大类：视觉型、听觉型、触觉型。我们通过不同的身体感觉途径，来判断事情到底有多少种可能。用我们的眼睛、耳朵、身体和心去判断事情的意义所在，这就是“感同身受”。

再次是工具方法方面。结构性思维作为解决问题的方法论，有一句话反映其核心价值，就是“让思考更清晰，让表达更有力”。说的是当我们遇到问题时，需要按照结构性的方法去思考，才能更高效地解决问题。我们可能需要收集更多的背景细节信息，然后通过往上总结、往下深挖分解的方式来寻找这件事情不同的解决方法和可能带来的不同意义。结构性思维是一种解决问题的方法，同样，思维导图也是一种解决问题的视觉化工具。所以，选择一个好的工具方法，对于解决问题往往起着事半功倍的效果。

最后是组合方面。在行为风格部分，我们懂得要充分发挥团队效能，与同伴们打好配合。找对自己的角色定位，找到跟你互补的人，从不同的角度思考，通过有效合作，充分发挥各自的优势。高效的组合能够让我们避开一个人思考的“盲点”，找到更多的方法，再通过评估、判断，找到最适合的方法去执行，这也就是我们所说的思维具有弹性。

发现需求，满足需求

一个人做出任何行动，都是出于某种动机。动机的强弱则是充分发挥自身主观能动性的重要保证。试想，你刚刚吃完一顿丰盛的午餐，此时如果把另一份午餐摆在你的面前，你一定很难提起兴趣再吃一顿，除非这份午餐是你期待很久的，但你仍然希望可以等到几个小时后的晚餐时间，再来消费这份期待已久的美食。

职场其实也是如此。一份工作、一个机会摆在我们面前，我们只有对它充满期待，预想能够从中获得内心珍视的东西，才会愿意付出自身的聪明才智，投入其中。你对于工作有怎样的认知呢？是一个能够带给你经济保障的职位，还是能够带给你成长空间的机遇，或者是能够让你获得金光闪闪的品牌加身之物，甚至以上这些全都不具备，只是能够让你有机会认识一群志同道合的伙伴？无论哪一种工作，都需要与你内在看重的价值取向相匹配，你才能更好地投入其中，竭尽所能。

发现需求动机，需要透过表象看本质。很多人在进入一个企业或组织时，会列举出选择该企业和该职位的各种理由。其中，看重薪酬待遇的有之，看重未来拥有无限发展空间的有之，看重企业品牌响亮、能够让自己获得品牌荣誉的有之。曾经很多当初前来寻求解决方案的来询者，认为薪资是自己无尽动力的来源。然而几年后，当他再次坐到我的面前，坦言自己在获得了当初期待的东西之后，内心并非充满快乐，而是充满迷惑，甚至是痛苦。

具体要如何发现你的需求动机呢？

每个人的行为背后都存在着一定的需求动机，每个阶段都由不同的动机推动，但在这许多的需求动机中，总有一种需求占支配地位。回答下面一些问题，帮助你厘清自己的需求动机具体是什么。

1. 我当前的薪水是多少，我期望的薪资水平是怎样的，其中的差距有多大？

2. 我理想的职级是什么？职位层级反映你在一个机构中承担的责任大小。想当老板或者董事长的话，意味着你需要自己创业。想当CEO（首席执行官）、CFO（首席财务官）、CTO（首席技术官），则需要有强烈的管理欲望，也需要较高的管理能力。

还有经理或中层管理人员、部门负责人、部门成员、与其他人进行团队合作的人、独立工作的人、技术专家、基层工作者……

3. 我当前的需求有哪些?

4. 以上需求中最重要的是哪些?在哪些职业领域可能实现它?

把以上这些问题想清楚了,就可以知道自己应该朝哪些方面努力了。将自己内心的需求转化为做事的动机,再由动机支配行动,最终才能达成目标。

利用延迟满足缓解焦虑

我们每个人的行动，都基于两种力量的推动：一种力量叫追求快乐，另一种力量叫逃避痛苦。我们一直在这两股力量之间进行选择。什么叫追求快乐？就是完成某件事情对我会有很多的好处，可能让我更加有成就感，或让我有更高的收入、更和美的家庭，或者让我父母的生活条件得到改善，这都属于追求快乐的范畴。相反的，还有一个方向的力量叫作逃避痛苦。比如，如果一个任务没有完成，公司就要扣我的工资，或会被领导和同事质疑，或造成家庭不和睦，或受到父母的埋怨，等等，我们做很多事情都是在逃避痛苦。

在追求快乐和逃避痛苦这两个动力来源上，每个人的选择也不相同。一般来说，逃避痛苦的力量要比追求快乐的力量来得更大。

充分了解并能很好地利用痛苦与快乐这两股力量，你就能知道应该如何改变自己的行为，追求自己期望的人生。若你不懂得利用这股力量，未来就很难在自己的掌握之中，只能像动物或机器那样，受到环境的摆布。

举一个“拖延症”的例子。为什么你总是爱拖延呢？你明明知道应该去做却迟迟未做。那是因为你觉得此刻去做比推迟去做来得痛苦，因此便拖延下去，然而拖到一定时候，还没做产生的压力就会达到痛苦的地步，让你不得不动手去做。此时，此事在你心目中造成的快乐和痛苦的位置已经互换了。

一个人在事情还没有做之前便想着要逃避，待到事情临头时便会觉得更痛苦。明知道采取行动能带来绝对的好处，能给你许多快乐，但你却一直不愿行动的主要原因在于瞻前顾后，以致错失大好时机。

很多人认为，“得到”带来的快乐远不如“失去”所带来的痛苦让人印象深刻。因此，他们宁愿多花精神守住已有的，不愿冒险去追求内心期望的，这种思想会导致他们停滞不前。

成功的秘密就在于懂得怎样控制痛苦与快乐这股力量，而不是被它反控制。如果你能做到这点，就能掌控自己的人生。反之，你的一生只能碌碌无为。

有些人为什么愿意吃已经吃过的苦头呢？因为他经历的痛苦还没有达到“临界点”，还不足以让他下决心去改变旧有的行为。当你高喊“忍无可忍，无须再忍”时，你一定会采取行动去改变现状。

痛苦和快乐都有强弱之分，每个人的感受也不一样。很多的行动，我们都是为了追求快乐而展开的。

人生中最重要的一课就是学习什么能给我们带来快乐，什么会使我们痛苦，趋利避害会成为我们的本能，因为每个人收获不同，才有了不同的行为。

无论是追求快乐更能让一个人有所行动，还是逃避痛苦更能让一个人动作迅速，那种快乐或痛苦的感觉都是由内而外切实存在的。

利用潜意识，提升工作效能

很多时候，我们主观上可以意识到一件事的重要性，需要立马着手去处理，但自己却不愿意采取行动，无法调动内在的积极性，这到底是怎么一回事呢？这其实是我们脑海里的潜意识在作祟。主观意识常常与潜意识不相符，从而造成意识上虽然认同，却得不到潜意识有力支撑的状况。“拖延症”其实就跟潜意识有很大的关系，“拖延症”的出现不是我们意识不到时间迫近的压力，也不是我们不愿意付出努力，只是潜意识告诉我们，“这件事情存在危险，还是想想再说吧。”正是这种不相符，才会让我们动力不足，行为表现不佳。

潜意识在信息的接收和处理上，有五大典型特征。

1. 潜意识接收的是词汇和经由词汇所自然产生的联想。“我可以”“我能行”“我相信”等强烈的、正向的词汇，会让潜意识更有感觉。

2. 潜意识不区分“不”“无”“没”等否定词句。我们需要按照希望表达的正向意思来进行表达，很多家长跟孩子说“不要跑”，却让孩子跑得更快就是这个原因。

3. 潜意识不区分“你”“我”“他”。在潜意识中，“你”“我”“他”是三位一体的。无论你是说“我很棒”，还是说“你很棒”或是“他很棒”，对你的潜意识来说，都是接收到了正面、良好的信息。同样道理，当你说“他很烂”“你很烂”或“我很烂”时，潜意识就接收到了负面、不良的信息。

4. 潜意识喜欢接受指令，不喜欢接受求索。“你想要的往往得不到，你害怕的却往往会发生。”当你宣告想要什么东西时，实际上是在宣告“我现在还没有”或是“我现在匮乏”。你想要钱就是在宣告你现在钱不够，你想要快乐就是在宣告你现在不快乐……

5. 感恩是潜意识最强大的力量。感恩是宇宙中最强大的力量，加以应用，你完全可以心想事成、梦想成真。感恩不仅仅指自己已经拥有的，正确的方法应该是把你想要拥有的直接当成你已拥有，然后感恩。想要快乐，就直接感恩宇宙让你拥有了快乐；想要财富，就感恩宇宙让你拥有了财富。把感恩的内容视为现在进行时，“只要信是得着的就必得着”。

正因为潜意识具有以上五个典型特征，因此，下决定和作出承诺时，除了意识上的重视外，还需要得到潜意识的认同和支持。在这一点上，积极的冥想练习可以让我们更好地整合意识与潜意识朝着统一的方向迈进。曾经与一位教授教练技术的老师聊天，他说他每天都会早上五点钟起床，起床后不是立刻刷牙洗脸，准备出门的各种事务，而是先坐在床上冥想一个小时，从对自然的感知，到对自己的内外资源的盘点，再到对自己目标的确认，每天至少要做一次这种冥想，然后再出门，开始一天的生活和工作。这位老师说，每天的冥想，最大的受益就是更加了解自己的内心，自己的情绪敏感度也有了很大提升。

我们与外界的关系如何，是信任，还是存有一定的隔阂，都需要一定的敏感度。这种敏感度是建立在我们愿意敞开自己的意识这一基础上，愿意感知外界，接纳外界的人和事。只有完全地接纳自己，才能有更强的敏感度去判断。

拥有独到的专业技能

网络上有个很感人的视频——《最感人的葬礼》。视频讲的是在一个男人的葬礼上，很多人都过来跟他做最后的告别。最后，女主人上台讲话。她没有讲这个男人的优点，而是讲了很多的缺点，比如不爱干净、睡觉打呼噜、办事不靠谱等。所有人都被这个男人的奇葩行为给逗乐了。最后，女主人话锋一转，一边流着眼泪，一边说："你是如此的不靠谱，但你是我这辈子遇到的最好的丈夫，你总是知道一个丈夫应该承担什么样的责任。"在视频的前半段，我们可能觉得女主人一定认为自己的丈夫是一个平庸无比的人，但最后的转折，却让我们看到了对于一个丈夫来说，最重要的一件事就是承担起作为丈夫的责任。这想必是最重要的事情。

再举一个例子。在培训领域，很多老师都希望培训的过程中能有更多的机会讲课，讲的课越多，受众也就越多，这是一种很自然的观念。如果你只盯在一个领域里面，甚至只在一个方向上讲课，你的受众一定会受限。直到我遇到一个老师，这种固有的观念才有所改观。他只讲一门课，但是受众却十分广泛，而且他在这个课程方向上有了很精深的研究，受到很多人的关注。与他聊天时，他说原本他也一直以为自己只讲一门课，事业会遭遇瓶颈。但是随着大家的见识越来越广，听过的课也越来越多，现在无论是老师还是学员，都希望能够在某一个方向上得到更实用的价值，而不仅仅是浮于表面、泛泛而谈。从这一点上来说，当时自己一直坚持着讲一门课，最终让大家看到我的价值，这也是很有意义的。大家会觉得一个老师多年来一直坚持讲一门课，肯定更加有干货，更加有知识含量。所以，不求事事平庸，只需要一专多能，有自己独到的专业技能，才能够走得更好，走得更远。

从正面寻求事情的解决方法

在达成目标的过程中，很多事情是我们喜闻乐见的，也有很多挑战会让我们不愿接受。与其纠结于“我们拥有但是不想要”，不如逐渐往“想要但却没有”的方向上调整，会是一种意义上的提升。相对于我们的“潜意识”而言，我们知道它不会对“不”的负面意思有所感知，更容易接受具有正向意义的语言。

从“拥有但是不想要”的角度变成“想要但却没有”的角度，关注点从原本的负面变得更加积极正面。转换后，把关注点放在了真正需要的、感觉更具有能量的方向上。这是一种意识上的转变，同时也是能力的体现。

感觉自己能够胜任某项工作时，首先是对自己内心的一种激励。在行为风格理论上，有一个“行为决定情绪”的观点。一个人的行为会影响自己的情绪，也会影响他人的情绪。举一个例子，曾经网上有过一个成都男司机殴打女司机的视频。事情的起因是女司机开车不按轨迹并道，后面的男司机差一点追尾。最后，忍无可忍的男司机追上去，将女司机拉下来一顿拳脚。女司机的一个动作引起了男司机情绪上的巨大反应，最后让他产生了过激的行为。很多情况下，你的行为影响或者带动了你的情绪。

同时，情绪上的反应也是一种习惯。事件本身是客观存在的，我们会给它赋予正面或者负面的情绪，最终产生不同的行为，导致不同的结果。所以，对待事情或者问题，从正面寻求方法，需要从如下几个方面来调整。

1. 提升改变的勇气。相信一定会有更好、更正向的解决方案，并相信自己有能力获得的时候，就更有勇气迈出寻找正向解决方法的脚步。

2. 寻找鼓励。为自己寻找能够认可自己，能够带给自己真诚鼓励的那些人和事，努力成为最好的自己。

3. 接受不完美。接受自己在寻找过程中的不完美，并尽快在行动上付诸实践，不纠结于寻找让所有人都满意的完美方案。

4. 从错误中恢复。在错误中进行修复，在经历挫折和失败后，能够获得学习，而不是一味地责备自己或推卸责任，承认现实，“哎呀，我犯了一个错误”。

5. 提高适应能力。从事实中发现机会，感谢过程中的一切相遇，在前进过程中能够积极选择、主动改变，而不是被动接受。

学会逆袭求存

把遗憾变成美梦，其实就是造梦。这让我们想到了好莱坞，它被称为“造梦工厂”。它用影像造了各种各样的梦，让我们从现实中暂时脱离出来，走进梦境，在跌宕起伏的情节中收获全新的体验。对于普通人来说，失败无疑是令人痛苦的。在很多人心中，失败就像是噩梦一样，让人胆战心惊，避之唯恐不及。如果我们有一种方法，能够把遗憾变成美梦，那该多好。

说一个充满正能量的故事——一片叶子的故事。故事说的是一个父亲得了绝症，医生诊断大概活不过一个月了。父亲特别失落，灰心丧气，对所有的事情都毫无兴趣，只盼着死亡的来临。当时同一个病房里的几乎都是重症患者，都处在生命垂危的状态中，同病相怜，病友们聚在一起都十分的悲观、消极。病房里，大家要不就是唉声叹气，要不就是“我要走了，以后该怎么办，我会留下什么样的遗嘱……”，讨论的都是悲观的话题。

这位父亲的儿子是一个积极乐观的人，他从学校里来看望自己的父亲，他发现大家都非常失望、消极，于是就想方法，看能不能让大家振作起来。当时正好是深秋，快入冬了，外面一片萧瑟。病房外，有一棵非常大的树正对着窗户，秋风吹过，树上的叶子逐渐随风飘落，吹落得越来越多，最后，树上只剩下为数不多的几片叶子，就像病房内老人们的生命，逐渐走向凋零。

老人的儿子想出一个办法，捡起一些落在地上的枯叶，用绿色彩笔把叶子涂成绿色，并趁着晚上把叶子粘到树枝上，从远处看就像树上又长满了绿色的叶子。第二天大家醒过来一看，都感觉非常惊讶，为何秋天的树还能够长出来这么多的绿叶？联想到自己的身体状况，父亲思考着：如果我就这样放弃了自己，岂不是还不如窗外的一棵树吗？

医生原本的诊断是这位父亲只能活一个月不到的时间，但他最终却奇迹般地活了一年多，这就是信念的力量。一个积极正向的信念，能够让一个人拥有更强的生存欲望，不容易被困难打倒。这其实就跟心理学上的“墨菲定律”类似，说的是“如果你担心发生某件事情，那么它就很有可能会真的发生”。

章节练习

“听到就说三”练习

数字“3”是一个神奇的数字，它不会太小，让你觉得很简单，也不会太大，让你认为很复杂。任何事情用三个数据就能够支撑，任何目标用三步就可以轻松列出行动步骤。下一次，如果在重要场合需要紧急发言，你完全可以用“听到就说三”法来一次精彩呈现。

具体的练习步骤如下：

请和你身边的人一对一练习，或以小组的方式练习。方法就是一个人提出一个问题，另一个人按照“三个要点”进行回复。比如，“如何做到高效学习？”你就可以回答：“我认为要做到高效学习，需要做好三点：一是做好记录，记录比记忆更重要；二是定时复习，按照艾宾浩斯记忆曲线的关键点进行复习，加深记忆；三是积极分享，分享是最好的学习，教学相长才能真正理解学习内容。”

第六章

找准自身价值，修炼核心竞争力

从确立目标到实现目标，其中必定会经历许多的艰辛。在前进的过程中，我们需要善用资源，除了本身已有的资源外，还需要积极从外界寻找可用的资源，在众多资源中，首先是个人特质的充分发挥。建立核心竞争力的两个关键在于：拥有无可替代的专业技能以及受人欢迎的性格特质。

你的独特性就是竞争力

《淮南子》中有一则“削足适履”的故事。讲的是晋献公宠爱他的妃子骊姬，宠爱到言听计从的地步。骊姬希望晋献公能够立自己的儿子奚齐为太子，晋献公满口答应，并将原来的太子，自己亲生的儿子申生杀害了。奚齐成为太子之后，骊姬又担心晋献公的另外两个儿子重耳和夷吾会成为奚齐继承王位的潜在危险，于是建议晋献公杀掉他们。晋献公再次同意了。但他们的密谋被一位正直的大臣探听到了，立即转告了重耳和夷吾，二人听说后，立即分头跑到国外避难去了。后来，重耳成为晋文公，文治武功卓著，是春秋五霸中的第二位霸主，也是“先秦五霸”之一，与齐桓公并称“齐桓晋文”。

晋献公和骊姬看重的奚齐是否有成为一代明君的潜质，我们不得而知。反正仅凭个人的喜爱而盲目推继承者上位这件事，不仅造成了父子失和，更让他们付出了血的代价。这种行为的背后一定是缺乏自知，只凭感情用事，不论资质和志向，盲目把一个人推上并不适合的位置，最终的结果当然是可悲的。

身在职场，我们每天都在学习与付出，追求自我的成长。在职业发展的过程中，正是我们发挥自身聪明才智，体现人生价值的关键时期。可以说，正是职业的存在，才让我们更清楚地认识自己、发展自己、成就自己。职场上的摸爬滚打，其实是自我与职场互动的过程，我们通过不断发展的能力匹配职业发展的需求，完成工作，达成绩效，变得更加成功。同时，职业会给我们以回馈，逐步满足我们内在的需求，使我们获得快乐、自由和幸福感。工作与生活之间的双向平衡是动态的。前者让我们透过一扇“窗子”，实现自我的价值，我们需要坚持不懈地追求成功；后者给我们一面“镜子”，在不断自我发现的过程中让自己更优秀，敢于自我剖析，更好地面对自我。

世界上没有两片完全相同的叶子，当然，也不可能存在完全相同的两个人。正因如此，我们不能忽视自身“独特性”的重要价值所在。可以说，我们只有清楚地认识到自身的“独特性”，才能更好地利用它，让这种“独特性”产生更大的效能，获得更大的成功。

将性格优势发挥到最大

性格决定命运。之所以如此，是因为性格会让我们形成思维和行为惯性。心理学上有一个著名的“冰山模型”。水平面以上，是看得见的行为，反映我们的知识、技能、经验、外貌特征等。水平面以下，是庞大的起着决定作用的隐性特征，我们的自我认知、角色感、价值观、动机等，都存在于这个部分。从人的外貌特征来说，每个人都是很相似的。但具体到人的思维、观念、价值追求等，却存在着巨大的差异。也因此，人与人之间的沟通才是分外重要且不易的事情。

性格本身是一种隐性资源，更是一种能力。如果善加利用，定会在同样的知识、技能和经验水准的状况下，让自己获得更多的机会，做事能够取得事半功倍的效果。

让我们来听听 Frank（弗兰克）关于善用个性的分享。Frank 做过多年的培训管理工作，但五年前在某家知名房地产公司工作的经历至今让他记忆犹新。

“在那家公司，我一手组建了培训管理团队，包括我在内一共九个人，团队里每个人在培训领域都有着多年的实战经验。后来，我们开始参与下属分公司的培训赋能工作，每次出差至少都在十天以上。在此期间，我们白天做分公司的培训支持和指导，晚上做部门内部的沟通，还要对分公司提出的要求进行课程和资料的准备，以便第二天能够立刻实施。每个人的工作强度都很大，干得异常辛苦。

“有一天，我要求大家晚上十点前将第二天培训要用的资料赶出来，并对手下人的工作做了分配。后来我去检查时发现，大家做的工作根本没达到我的要求。长时间积累的压力瞬间爆发，我把手下劈头盖脸地臭骂了一顿，最后闹得不欢而散。当时，团队中有一个小伙伴，性格开朗，尤其擅长带动团队气氛。看到局面陷入僵持，他对我说，‘领导，让我们自己想想办法。’我离开了办公室，留下他们自己考虑如何进行接下来的工作。那个小伙伴带着大家开始讨论，他充分发挥了自己善于调动气氛的优势，很快让大家从刚才紧张的气氛中走了出来。他们迅速商讨，对接下来的工作重新做了分配，每个人承担相应的任务。当我回到办公室时，大家都在各司其职，全力以赴地赶工。

“经过这件事，我真正体会到个性不同带来的巨大价值。试想一下，在当时那种状况下，最需要的就是用轻松的方式来处理事情，让场面缓和下来，而那个小伙伴做了他最擅长的事。”

性格的力量是巨大的。在 Frank 的故事中，小伙伴善于处理人际关系的性格优势得到正确发挥，让原本紧张的关系得到缓解，让工作得以更好地推进。

不同人的性格是如此的不同。按照 Frank 自己的说法，他一直是“谨言慎行”的人，对待工作异常严谨，与他人也会适当地保持距离。他的性格正好与那个小伙伴形成了鲜明的对比，正是两种性格的互补，才成功地打破僵局，让事情朝着更好的方向发展。

从人类出现至今，始终对“我是谁”这个问题进行着不断的探索，并为此做了很多研究。东西方都从各种方向上为人性做了各种各样的分析与研究，包括东方的“性本善”或“性本恶”的人性论，西方的解剖学、血型说、心理学、神经学以及脑科学，甚至包括观星、观相、星座等，还有命理学、神秘学等，都尝试从各种方向力求实现对“我是谁”的深入了解。接下来，我将以行为心理学为基础的 DISC 行为风格为入口，继续探究个性的魅力。

DISC 行为风格系统

DISC 行为风格系统是对人类进行分类研究的典型代表。其实，以分类的方式对人进行研究的历史源远流长。公元前 400 年，西方有着“医圣”称号的希波克拉底就通过解剖对人的性格进行研究，并提出了体液说，用血液、黏液、黄胆汁和黑胆汁四种体液来描述人，这一学说沿用了上千年。直到心理学家荣格提出从感觉、直觉、情感和思维四个维度来对人的风格进行标识，对行为特征的理解才有了一个全新的发展。后来随着行为心理学的发展，1928 年，作为美国行为心理学领域代表人物的威廉·莫尔顿·马斯顿博士以正常人为对象，从行为表现探索人性特征，建立 DISC 行为分析体系，将人类的行为总结为四个类型：支配型（Dominance）、影响型（Influence）、稳健型（Steadiness）和服从型（Compliance）。

DISC 行为风格体系主要从两个维度出发，进行行为风格的研究，即：关注人—关注事，反应快—反应慢。两个维度的分析步骤如下。

1. 遇事是喜欢关注事，还是关注人。遇事关注事，说明你习惯于从事情的方面去考虑，对与错，合理不合理，粗略还是详细。遇事关注人，说明你习惯于从人情、人际关系方面来考量，感觉好不好，愿意接受与否，开心还是痛苦。

2. 遇事反应快还是慢。反应快，是以行动为主。喜欢为了目标先动起来，在行动中优化和调整，但存在没想清楚就行动的风险。反应慢，是以稳妥为主，喜欢把一件事想清楚、做好准备再行动。不喜欢变化太快，但也容易陷入完美主义的拖延状态中。

3. 关注事是反应快，还是反应慢。同样对事情的关注，有些为了目标立即行动，为达目的不惜任何代价，崇尚的是“做”。反应慢的关注事的人，喜欢未雨绸缪，做好万无一失的准备，才会有所行动，崇尚的是“想”。

4. 关注人是反应快，还是反应慢。对于人的关注，有些以影响为主，喜欢认识新的人，接触新事物，但不喜欢考虑他人的感受，只喜欢按照自己的想法说话做事，崇尚的是“说”。而有些对人关注的人，喜欢扮演倾听者的角色，不喜欢抛头露面，只希望在一个位置上长时间置身其中，崇尚的是“听”。

通过两个维度形成四象限的风格矩阵，就形成了DISC行为风格系统。

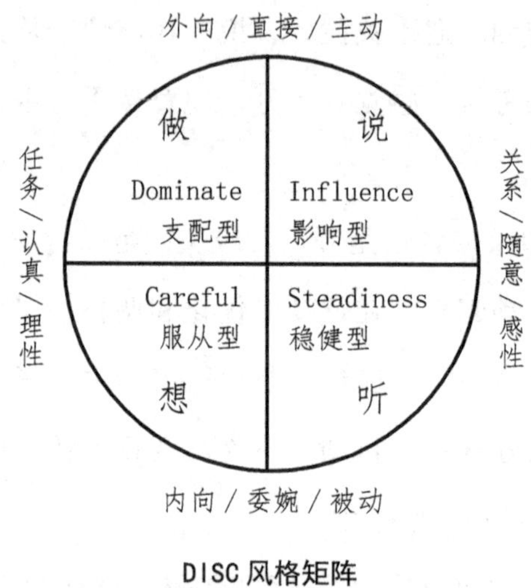

DISC风格矩阵

D型风格的人：关注事反应快，这种人目标感十足，是行动派，不达目的誓不罢休。这是优势，但也很容易与他人产生矛盾，造成摩擦，也是挑战。

C型风格的人：关注事反应慢，这种人注重细节和结构思维，让他们在遇事之前已经有所警醒，也能够对事情的前因后果形成详细的分析和规划。这种人崇尚“想”，却不太愿意付诸行动。

I型风格的人：关注人反应快，这种人喜欢与人接触，善于交际，语言表达能力强，但很容易夸夸其谈，不求甚解。

S型风格的人：关注人反应慢，这种人喜欢与人沟通，善于倾听，同理心十足，但对于变化却充满抗拒，喜欢待在一个地方，不太愿意变来变去。

通过以上说明，你发现你属于哪一种类型了吗？发现自我的风格特征，找到本色的自己，可以充分发挥风格的优势力量，展现风格之美。

发掘内在与外在的可用资源

在进行思维的训练时，我通常会在开始时强调四个要点，也是四个重要的思维基础。

知识的爆炸。当知识能够几乎毫不费力地无限获得的时候，无限的选择恰恰成为我们无所适从的主因。因为你可以随时发现任何知识，也可以对任何信息产生兴趣，但却很容易变得盲从，在巨大的知识洪流中，成为忙碌、盲目和茫然的蝼蚁。

互联网的兴起。一根网线彻底打破时间和空间的限制，让天涯海角变得近在咫尺。恰恰如此，才让我们过于依赖这颗“外部大脑”，将过度的感官刺激变成主要的生活调剂，把人生的“横向面”拓展到尽可能大，却常常忽略深度聚焦，而这恰恰是从优秀到卓越的根本。

个性的觉醒。个性的觉醒伴随着独立、自我甚至执念十足。让这个原本应该成为核心竞争力的个性，却走向成为阻碍自我深度了解，进而善意地理解他人的“绊脚石”，而在当下这个必须高效协作的时代，无疑会成为制约个人、团队、组织甚至社会高效能发展的巨大挑战。

变化无处不在。时不我待，变化也从复杂变成错综复杂，唯一的正确答案时代早已过去，每天的挑战都有可能是全新的，而其中最大比例来自对人的认知和关系的处理。这其中当然包括对自我的了解以及与自我的和谐相处。

当我们越是正视这些挑战，越会发现，在高速发展的时代洪流中，越是需要一个人由内而外地自我修炼。毕竟影响一个人的主导因素并非外部环境，而是我们内在的思维模式。在巨大的机遇与挑战并存的当下，坚定你的目标，善于发掘内在与外在的可用资源，并怀着感恩的心去发现美好，造就美好。

工作中要实现更多的理解与包容，以便将事情更为顺畅地推进下去，需要做到如下五个“努力”。

1. 努力理解。相信每个人都是竭尽全力在正向思考，不会故意做出有损自己和团队的事。每个人的认知和做事的方法之所以与别人存在差异，是因为大家对事情的理解程度不一样，暂时还没有想到更多的解决方法。

2. 努力接纳。在一个工作团体中，必然存在性格迥异的人。为了让沟通更顺畅，我们需要学会接纳不同风格的人，真正认识到对方的优势，理解对方的情绪和动机，然后在此基础上去沟通彼此观点的不同。

3. 努力沟通。工作中人与人的沟通在所难免，不同部门之间的沟通更是必不可少的环节。沟通的意义在于希望得到对方的反馈。努力沟通的目的在于真正理解对方行为背后隐藏的深意，缺乏沟通精神就无法实现积极沟通。

4. 努力发现。工作中出现意见的分歧是常有的事，不同观点的碰撞与交锋往往能带来意想不到的惊喜。发现彼此观点不同的背后，有哪些动机是相同的，然后从动机和情感出发，先接纳情绪，再找到让双方都能接受的“第三种选择”。

5. 努力尝试。即使在多次沟通之后，观点仍然不能达成统一，也要努力尝试多种方案，探求更多的可能性。用同样的方式做同样的事情，只能得到同样的结果，对他人有了更多的包容与接纳后，换一种方式去做，可能意味着更接近成功。

寻求自我，完善自我

每个人都有两方面的优势：外部优势和内部优势。

外部优势是指专业和资源上的优势。例如，学历更高，知识体系更全面，业务水平更高，拥有某种资格认证，或者有更多的人脉资源、更丰厚的资金和更庞大的物质基础等。

内部优势是指拥有更受人欢迎的性格优势。在前面的DISC行为风格系统中，D型风格的人有目标感强、表达清晰果断、做事干净利落的特征。I型风格的人有乐观、自信、善于表达、乐于接纳新鲜事物的特征。S型风格的人具有善于倾听、体谅和理解他人，沉稳、安静和做事稳妥的特征。C型风格的人具有做事精益求精、遇事冷静思考、善于未雨绸缪的特征。这些性格上的优势能够在适当的场合发挥巨大的人格魅力。

自己的行为风格原本就是一种优势的外在体现。发挥优势首先要对自己有信心。一个人的自信程度对于优势发挥的高低和稳定程度起着至关重要的作用。

每个人成长的经历各有不同。有些人遇事时都会积极面对，比较自信；有些人遇事总会自我怀疑，以消极的心态面对，缺乏自信。自信的人，遇事看到的是机会和可能性；而缺乏自信的人，遇事看到的只会是问题和限制。缺乏自信对一个人的负面影响巨大，经常会因为一个错误而苦恼很长时间，认为自己很没用。

有了自信，一个人才会觉得自己是一个不错的人，才会萌生出自尊意识。尊重就是一种边界，我尊重自己，我有原则性，有边界心态，知道什么能做，什么不能做。同样，对于他人也是如此，知道什么话该说，什么事该做。正是因为达到了这样的状态，才会衍生出来“自爱”的情绪。因为自信而尊重自己，感觉自己非常优秀，因此会非常爱护自己，非常关注自己的内心需求。

在某些困难与挑战来临时，当我们懂得自信、自尊和自爱了，我们才敢于去面对，激发自身的潜能，想出合理的方法去解决问题。所以，我们每个人都要学会自信、自尊、自爱，这样我们很容易迈过心理上对他人的“依赖”阶段，从而达到真正的“独立”，相信自己有能力做得更好，能在心智上成为一个拥有独立人格的人。

信心很大程度上源于社会经验，家庭教育在其中起着至关重要的作用。要提升自信，可以通过以下四个方面进行修炼。

1. 累积美好体验。我们每天都会有各种经历，即使是极为平常的一天，如果用心体会也能发现很多的小惊喜。精彩的高光时刻固然重要，但生命中的“小确幸”更值得珍惜。用心感受生命中的美好，久而久之，就会极大提升自己内心的丰富状态，更加珍惜每一天的境遇，对生命具有更美好的期待和更大的自信。

2. 做好及时记录。记录比记忆更重要。用一个专门的本子来记录生命中的“美好体验”，以后不时回顾的时候，看到那些充满希望的文字、满是用心的图画，总是能够让我们再次回到那一刻，体会那种美好。

3. 避免过度比较。比较能够让我们发现与他人之间的差距，提升前进的动力。但过度的比较却会伤害到我们，容易产生过度的焦虑，对自己失望，甚至嫉妒别人。把关注点更多地转移到自己能够决定的“影响圈”事项上，让自己重新获得“掌控”的感觉。

4. 放下完美心态。完美主义会让人永远无法满意当下的结果，也对他人的表现充满挑剔。接受自己、他人和环境的不完美，在此基础上积极地发现和创造，不断地完善自己。

巧用同理心，让沟通更顺畅

沟通最大的意义在于得到对方的反馈。沟通并非简单的自我表达，更重要的是双向互动。沟通的第一要务是通过彼此之间的信息互动来达成共识。我们在现实生活中经常会面临低效沟通的巨大挑战，工作上如此，生活中也如此。现代心理学之父威廉·詹姆士（William James）曾经说过："人最大的需求就是被了解和被欣赏。"为了满足人的这一需求，有效的沟通必须在影响他人之前先了解他人。

有一个吃鱼的故事，说的是有一对老夫妻特别喜欢吃鱼，他们经常做鱼吃。每次鱼做好后，老婆婆都会先用筷子把鱼头夹给老头儿，跟他说："你喜欢吃鱼头，快吃吧。"老头儿也赶紧用筷子夹着鱼尾放到老婆婆的碗里，跟她说："你喜欢吃鱼尾，你也多吃一点。"他们就这样吃了一辈子的鱼。有一次老头儿生病了，躺在床上感到很欣慰，跟老婆婆说："我吃了一辈子的鱼，最喜欢吃鱼尾，觉得真是人间美味，所以我每次都会把鱼尾夹给你吃，怎么样，是不是感觉很美味？"老婆婆听到这些话，不无感慨地说："是这样的吗？可是你不知道我其实特别喜欢吃鱼头，我每次都把鱼头夹给你吃，就是想你也会很喜欢吃鱼头吧。”

这个故事其实讲了一个简单的道理，那就是：我们应该如何真正地理解他人。真正有价值的沟通到底是按照自己的标准来进行，还是应该按照对方喜欢和接受的方式来进行呢？如果从沟通的有效性上考虑，一定是后者更有效。过去，我们认为“己所不欲，勿施于人”很正确，因为我们会把自己喜欢的与他人分享，自己不喜欢的事情也不会让他人经受。但通过上面的小故事我们看到：自己喜欢不一定别人也喜欢，同样，自己不喜欢的，对方并不一定也不喜欢。所以，沟通上有一个“白金法则”，叫作“人之所欲，施之于人”，这被称为“同理心”。

中国自古强调“推己及人”的精神，如古代的墨家侠义精神，以及孟子提倡的“老吾老以及人之老，幼吾幼以及人之幼”，等等，可见我们一直推崇的都是要理解他人。但真要做到这种程度，其实非常难。因为想要理解他人，需要真正站在对方的立场想事情、作判断。

要唤起同理心，实现更加积极有效的沟通，可以按照以下五个步骤来进行修炼：

1. 觉察自己被对方唤起的感受。当我们走在街上，看到乞讨的人，内心经常会有可怜对方并出手相帮的想法，这就是唤起了我们内心“关爱他人”和“同情弱者”的情绪感受。因此，要在沟通过程中，不断回应对方，理解对方的感受。处理事情之前，先站在对方的立场想一想，考虑一下对方的感受。经常能看到两个人说话，其中一个人会说：“哎呀，你怎么就不理解我呢！”这里的理解并非指的是某件事情本身，而是没有捕捉到对方的情绪感受，这经常会导致无效沟通的出现。

2. 退回去客观观察自己的情感反应。与对方沟通的同时，自己同样会有各种情绪反应。就像我们听一个故事或看一部电影时，总会随着情节的推进而表现出喜怒哀乐。所以，为了让沟通更顺畅，我们需要客观观察自己当时的情感反应，然后与对方进行呼应。这就要求我们不断增强觉察和感知的能力，让自己变得更加敏感。

3. 分辨对方的情感状态。分辨对方的情感状态，最好的方式就是问对方问题。比如，当对方和你说一件事时，脸上的表情很痛苦，我们就可以问对方：“你现在内心很痛苦是吗？因为我发现你说话的时候一直紧锁眉头。”用我们观察到的对方外部表现，通过提问的方式与对方确认，努力达成共识。

4. 确认对方传达信息的意义。同理心之所以重要，除了可以对对方直接表现出来的状态信息进行回应外，更是对对方未曾直说或不想说的部分进行探询。所以，要正确理解对方传达出来的信息。比如，当对方在沟通中说了某一个很特别的词，我们就可以问对方："你刚才说事情的时候用了'痛恨'这个词，那具体代表什么意思？"

5. 决定如何回应。在确认了彼此对信息理解一致的前提下，我们才能更好地作出如何回应的判断。到底是给予对方情感上的安慰，还是给出建设性的意见，或者是两者兼而有之。

学会与不同性格的人打配合

我们常听说这样一句话：“江山易改，本性难移。”保持本性，并非坏事，只需在保持本性的同时，发现本性的限制，积极调整，创造让本性充分发挥的环境，并对本性所面临的挑战有清晰的认知，找到成功化解挑战的方法。

其实，人的本性中有些部分是永久性的，也有一些部分是为了适应环境而有意或无意地进行调整的结果。在行为风格理论中，不会简单地认为某种特质是优势，某种特质是劣势，而是以实际的具体情境中，该特质发挥后是否能够产生预期的结果来评判特质的好与坏。即使如“刚正不阿”这种我们现在普遍推崇的特质，也会出现诸如“海瑞罢官”这种因特质使用不当而最终未得到预期结果的典型。

每个人都有自然发挥的优势，也会有因为职责需要而暂时性培养的能力。一个人的行为风格对自身能力的发挥起着至关重要的作用。行为风格上，存在四种不同的风格因子，它们能够清晰反映出一个人的能力分布情况，这对我们推动自身发展，特别在企业知人善任上有着重要的作用。

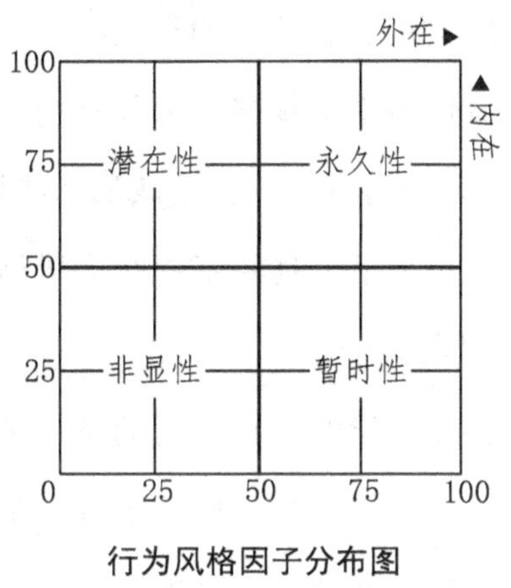

行为风格因子分布图

该行为风格因子分布图反映的是不同的人拥有不同的行为风格表现。从中可以判断出，某种行为是否可以培养，或者某种行为能否持久的问题。

不同的行为风格体现在外在和内在两个层面的主动选择上。内在的行为风格因子强弱从最低（0）到最高（100），外在的行为风格因子表现也是从最低（0）到最高（100）。不同的内在与外在因子相互作用，相应地，行为风格会呈现出四种状态，即：永久性（内在风格因子强，外在表现机会大，会自然而然永久呈现）、暂时性（内在风格因子弱，外在表现机会大，会因为需要而暂时呈现）、潜在性（内在风格因子强，外在表现机会小，会把该风格暂时隐藏）、非显性（内在风格因子弱，外在表现机会小，会表现为短板）。

不同风格的人组成团队，如果领导管理得当，让每个人都发挥出各自性格中的优势，取长补短，能够形成“打配合、做组合”的统合效应，让团队的功能最大化。

下面具体分析一下，具有不同行为风格因子的人可能会表现出何种不同的特质。

1. 永久性特征。指的是在不同的条件下，都可能出现在行为中的特质。它是自然而然的展现，是很难隐藏起来的。如果一个人的独断性、配合度、友善、自信和倾向社交性都表现得很明显，说明这个人天生喜欢交际，喜欢扮演影响者的角色。

2. 暂时性特征。指的是目前在一个人的工作行为中可以看见的特征，但不属于其基本作风的一部分，这种特征可能不明显。这种特征经常出现在职场中，因为职责要求，所以暂时出现该类特征。如果工作需要一个人有耐心、毅力、一定的专业性，以及要足够缜密，那他就需要特别培养这类特征。

3. 潜在性特征。指的是目前在这个人的行为中不活跃，若一旦有需要，就可能显现的特质。如果一个人本身非常热忱，个性敏锐，但工作中需要他隐藏自己的性格，他也会让自己适应公司。

4. 非显性特征。指的是一个人内在和外在都体现得不明显的特质，并且不太可能出现在典型的行为特质里。就像准确、效率、独立和客观性这类特质，很多人都不具备，普通工作中也不会有特别高的要求。

因此，面对自身特质时，需要善加利用，才能让自身的潜能得到更好的发挥。面对不同的特质，我们需要做好如下几点。

1. 充分展现“永久性特质”。这是自然而然的优势发挥，能够在最小的压力下得到最大的价值体现。

2. 积极培养“暂时性特质”。因为工作需要，职责所在，职场人需要培养某些特质。暂时性特质需要通过自身的刻意学习，或企业的定向培养，才能让这部分特质得到发展。

3. 不断争取“潜在性特质”的展现。潜在性特质属于“给点阳光就会灿烂”的特性。因此，作为个人，需要在工作上积极争取机会，扩充职责所在，增加该类特质的应用机会。或者在生活中，不断尝试该类特质，让其在其他领域得到发展，成为优秀的“斜杠青年”。

4. 善待“非显性特质”。在这里，“善待”包括两个层面的意思。首先是，自己要增加对此类特质的“自知之明”，既然该类特质缺乏，又没有意愿加以培养，那就在工作中和生活中尽可能避免使用该类特质。另外，在团队中，可以通过团队成员之间的“打配合，做组合”的方式，彼此优势互补，用自己的优势弥补对方的不足，从而形成高效协作。

培养角色意识，善用风格沟通法

很多人认为“做自己”与“有效果”之间存在巨大矛盾，要想“本色做人”就无法做到“角色做事”，鱼与熊掌不可兼得。其实，这中间存在巨大的理解错误。

首先，我们能够在行为上做出改变。只要看我们从小到大的成长，应该就会理解这句话。我们的每一次成长，每学会一项技能，都是因为在思维上、行为上和情绪上发生了改变，才让我们对自己更有信心。

其次，改变是选择更有效的方法。我们要想解决问题，需要站在更高的维度去思考，用更大的视野去观察，从而找到更好的解决方法。这不是简单地“做自己”，而是更好地认识自己，进而更好地做自己。

最后，“有效果”是跳出“限制思维”的必要手段。“有效果”强调的是“结果”，“有道理”强调的是符合自己的主观认知。正像史蒂芬·柯维博士所说，主观认知是一种“社会之镜”，它源自自我的成长经历和外部环境的影响。降低“社会之镜”影响的最好方式就是在现实中验证，看看是否有效。这是打破自己内心的“限制思维”，重新建构更好自己的绝佳机会。

要做好积极调适，我们需要客观认识环境，发现彼此的差异和各自的优势，然后以“我做事，我负责”的态度主动做出改变。

每个人都有不同的风格特征，外在的行为反映的是其内在的需求。要实现更有效的沟通效果，不是站在自己的立场上，用自己喜欢的方式与对方沟通，而是要本着“人之所欲，施之于人”的原则，与不同风格的人进行沟通时，需要站在对方的角度，以对方喜欢和接受的方式，与对方进行交流，以达到更好的沟通效果。

DISC 各种风格的人在沟通的重点上需要有所侧重，可以按照如下四种类型风格的需求进行沟通。

与 D 型人沟通的重点：

1. 理性切入，感性带出。

2. 多谈效果、时间、成本，少提个人的感觉。

3. 说话速度可以快一些，并且准备得详尽一些，表现出自信。

4. 不要拐弯抹角，凡事讲重点。

与 I 型人沟通的重点：

1. 感性切入，理性带出。

2. 及时回应对方的情绪。

3. 非正式场合比正式场合更容易让他敞开心扉。

4. 别先谈太严肃的话题，也别先拿出太复杂的数据。

与 S 型人沟通的重点：

1. 感性切入，理性带出。

2. 别一次讲太多，采取分段式、分步骤的陈述方法。

3. 给对方思考的空间，别要求对方太快作决定。

4. 别急着说，可以先听听他的意见。

与 C 型人沟通的重点：

1. 理性切入，感性带出。

2. 要让对方没有疑问，才会有执行力。

3. 注意自己的形象，别太轻浮。

4. 多拿事实、统计图、数字来说明，利用现有资源。

善用团队力量，发挥统合效应

评价团队有两个指标，一个是“凝聚力”，另一个是“团队绩效”。团队的成功 = 凝聚力 × 团队绩效。两者不是相加关系，而是相乘关系。因此，要避免“集体无意识”的发生，需要我们做好下如四点。

1. 明确团队目标。无论你是团队负责人，还是团队的成员，都要关注团队的整体目标。就像每个人做事情都需要先明确自己的目标一样，团队目标的确定和及时清晰地传递给每个成员都是至关重要的事情。在一个团队中，为了完成任务，迎接挑战时，需要团队中的个体拿出更积极的态度、更优秀的绩效表现、更主动的协作配合，要求每个人对自己所在团队的整体目标都有较为清晰的认知。我们一定要慎重对待团队成员在挑战面前提出的一个关键性问题：“这和我有什么关系？”结果越清晰，团队成员的动机就越强烈。

2. 建立团队目标与个人目标之间的联结。绝大多数在职场中经受挑战的来询者，很容易出现把工作上面临的挑战视为影响自己成长的“阻碍”。“我希望能够有机会多到一线去，但是领导总是让我做一些文字工作，真是讨厌！”“我想每天按时下班，有时间多陪陪孩子，但是公司总是加班，真是烦死了！”“我想要在一件事情上能够有始有终，但是公司总是变来变去，我有什么办法呢！”如果我们不能让团队的目标与个人目标之间建立联结，清楚我们该如何通过团队目标的达成，从而实现自己的个人目标，就无法让团队效能得到保证，也无法让团队成员在工作时间全身心投入其中。过去那种单纯依靠“KPI”（关键绩效指标）考核的方式，在越来越追求个人价值体现的当下会越来越无效。

3. 关注每个人的风格。了解每个人的行为风格，是为了充分激发个人意愿，从而在团队中将个人价值最大化。KPI 是企业绩效管理的基础，但这并不能保证团队中的每个人都愿意付出更多的时间和精力，在正常表现的同时能够最大限度地激发自己的潜能，创造更优异的价值表现。在关注个人风格方面，我们经常会看到团队会打着“我是为了培养你，所以才把你放到更具挑战的位置”这一论调，让团队成员做自己力所不及，或毫无意愿的工作。试想，让一个对数字不敏感的人，去做一个需要审核票据的工作，是一件极其痛苦的事。尤其是在该成员对此缺乏正确认识时，常常会造成以“爱”的名义种下“恨”的种子的无奈结局。

4. 保持团队风格多样性。团队里每个人的风格具有多样性，在不同方向上都有人能够发挥自己的优势，这也为团队成员间能够形成配合和互补提供了可能。因此，团队的共性是合作的基础，但团队成员的多样性是让团队发挥最大效能的有力保障。

保证团队风格多样，有如下三个好处。

1. 各自发挥风格优势，避免风格的认知“盲点”。虽然同样风格的队员配合起来更顺畅，但很容易出现过度的“风格发挥”的挑战，对潜在的危险缺乏了解。团队风格过于D型，会存在为了目标，忽视风险的挑战；过于I型，会存在大家好高骛远，追求过程而忽视落地的挑战；过于S型，会存在过于关注彼此情感，而对目标缺乏坚持的挑战；过于C型，会存在过于追求完美主义，而造成推进拖延的挑战。

2. 各自发挥风格优势，让“打配合、做组合”成为可能。每种风格都有优势，也都存在挑战，团队风格的多样性，可以更大程度地激发各自的优势互补。追求目标但疏于情感关注的D恰恰能够与追求情感关注但目标感不强的

S 型配合，最终能够兼顾“事理”与“人情”。追求愿景但疏于方案细化的 I 型能够通过与擅长方案细化与风险管控的 C 型配合，实现“前瞻性”与“落地性”的完美统一。

3. 能够适合团队发展不同阶段对不同风格优势的需求。心理学教授布鲁斯·塔克曼（Bruce W. Tuckman）在 1965 年提出了团队发展阶段模型：组建期（Forming）、激荡期（Storming）、规范期（Norming）、执行期（Performing）。各个阶段都需要不同风格优势发挥关键影响。组建期需要目标感强的 D 型引导和稳定性强的 S 追随；激荡期需要创造性十足的 I 带领与规范性十足的 C 型作保证；规范期需要 C 充分发挥对细节与规范的特质，并和 S 的用心与落地进行协作；而执行期可以让 S 型的稳定与务实成为优势发挥的天堂，他会让其他风格各司其职，从而各显锋芒。

关注团队风格的融合，做好团队内的成员人岗匹配，各自在自己喜欢和擅长的位置上发挥功能。作为团队领导者，需要不断增进团队成员之间的沟通和理解，让大家发现团队成员的不同，让每一个团队成员都能发挥出各自的优势，从而组成组合，进行配合，真正成为高效能的团队。

章节练习

通过提问了解他人的行为风格

为了更好地了解对方的行为风格特征，你可以通过提问以下问题，然后从对方的口头语言和肢体语言中，体会不同风格特征的人会呈现出怎样的状态。

1. 你参加了一个社交活动，有很多人你都不认识，你一般会怎么做？

2. 当你向别人要一样东西时，你通常会如何去做？如果没有得到，你的反应会如何？

3. 你通常会怎样安排你的周末？你为何选择这个方式度过？

4. 跟你工作的时候相比，你在家里时通常会有什么不同的行为？

5. 如果你要出国度假十天，你会如何安排行程？

6. 你最喜欢的爱好是什么？为什么？

7. 如果你必须选一种比较喜欢的游戏或活动，你会选哪个呢？

8. 你认为在公司的办公环境中，你比较喜欢哪些方面？

9. 你认为在公司的办公环境中，有什么地方应该可以改善或可以考虑改善的？（请不要考虑你的主意行不行得通。）

第七章

挖掘自身潜能，精准提升

自我形象管理其实就是人生管理，你对自己形象的态度就是你的人生态度。当你了解自我，接受并欣赏自我的真正潜力时，便能拥有自信，觉得自在，有安全感。当你不再受制于过去自我挫败的态度或害怕别人对你的看法时，你就会勇于迎接挑战。

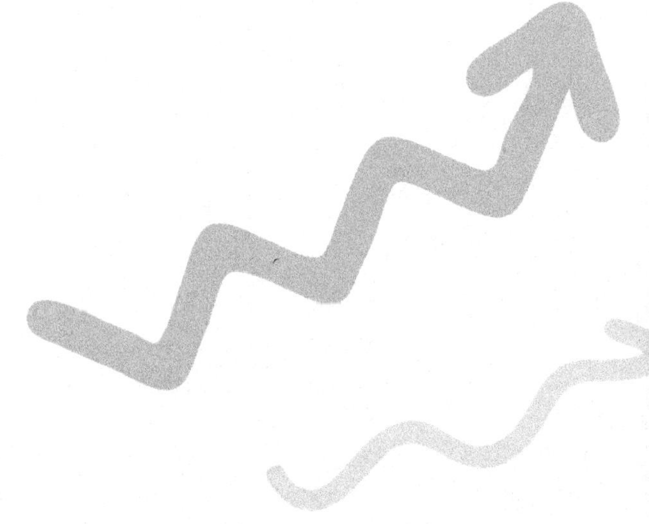

改变行为模式，激发个人效能

你心目中自己的形象，你期望自己在别人眼中的形象，以及你真实的自我，都极大地影响着你的个人生产力。你的自我形象决定了你如何使用时间，你行为的方式会跟心目中自己的形象一样。不论你有多大的愿望和毅力，都不可能有与其不同的行为。认定自己会失败的人，无论花多少时间工作，结果注定都会失败。看起来是在“努力尝试”成功的行为，实际上可能是不具生产力的盲目忙碌，只会强化负面的自我形象，并导致失败。相反地，相信自己能够成功的人，会将注意力和精力投入能产生丰硕成果的建设性活动。

你今天所持的态度，来源于你过去的复杂经历以及你对这些经历的反应。塑造自我形象的重要经历之一，就是你小时候从父母或其他德高望重的长辈那里接受的意见和教诲。经常的、重复的教诲变成了你思维的一部分，持续地影响着你的行为。这些早年的教诲，常常是为了告诉你时间的价值和妥善使用时间的重要性。例如：“不要光站在那里，去做点事情”，或者“别光坐着，起来做点事”。这些早期的制约经历所造成的潜意识影响，有些是正面的，有些则可能导致强调外表的动作，而非真正的成就或有效的个人生产力。

身为一个必须对自己负责的成年人，你今天就可以选择抛弃以往那些妨碍效率、阻碍生产力的制约。改变失败主义者的态度或消极的思考方式是有可能的，因为你有无穷的才能，而你现在只发挥了其中的一小部分。要强化自我形象，你今天就可以开始，找出到底是哪些态度妨碍你取得渴望已久的成功。设定目标去发挥更大的潜能，然后拟定一个可以逐步实现目标的详细计划，并设定达成每一步骤的期限。随着你不断体验到成功的滋味，你就会有更坚强、正面的自我形象，你所渴望的改变就会变为现实。

你可以通过如下的方式进行期望的改变，更新自我形象。要不断提醒自己：你对自己和自身的能力有很高的评价，你正在积极地进行思考，你正在改变。以下的策略能帮助你改变行为模式：改变产生行为的态度；刻意训练新的行为，直至成为习惯；与其他成功人士交往；阅读励志书籍和文章；安排时间，持续关注个人效能的实际状况并做出修正。

当你了解自我，接受并欣赏自我的真正潜力时，便能拥有自信，觉得自在、有安全感。当你不再受制于过去自我挫败的态度或害怕别人对你的看法时，你就会勇于迎接挑战，时刻具有生产力。这种由于自信带来的安全感，是个人目标计划最有价值的副产品之一。当你设定了有价值的目标，并确定了达成目标的优先顺序，就能自在地、以最有效的方式努力追求成功。正面的自我形象能释放你的潜能，取得惊人的丰硕成果。

提升个人效能的两个工具

要充分发挥个人优势，创造更大的价值体现，需要做好两个方面的工作，即：调整好自己的状态、具有清晰的目标。这需要我们具备“自我肯定”和“具象化”这两个提高个人效能的工具。

充分的“自我肯定”能改变你的思维方式、你的态度，最终改变你的行为。自我肯定和具象化对态度和行为的影响，有助于产生你想要的结果。

自我肯定有许多种说法：自我激励、自我命令、自我暗示或自我对话。自我肯定其实就是一个正面的宣言，它正面表达了你相信某事是真的，或预想它能成真，并以此为人生的目标。最有效的自我肯定是你自己思考出来的，是基于你的目标，并代表你想成为的人、你想做的事、你想拥有的东西。当你重复着这样的自我肯定，便能建立起你需要的内在信心与决心，进而能克服障碍、完成目标、提高生产力。

之所以自我肯定如此重要，是因为我们在成长的过程中，经常处于被他人否定的环境中。小时候，我们的父母就经常告诫我们不要因为一点点成绩就沾沾自喜，要看到我们还有更大的成长空间。后来，我们经常会被排名搞得挫败感十足，成绩成为评价我们是否优秀的唯一标准。进入职场，也会被各种评估考核围绕。在负面评价远远多于正面肯定的大背景下，对自我的积极肯定成为我们更具正向力量的推动力。

用自我肯定作为正面的材料，搭建你心灵中的正面态度。你如果想控制好自己的情绪，便可天天提醒自己："我能随时控制我的反应和情绪。无论其他人如何说、如何想、如何做，在任何情况下，我都能保持冷静，控制自己。"另一个关于沟通的例子是："我喜欢认识工作中遇到的每一个人。我倾听他们的谈话，了解他们的言语和感受。我尊敬他们，尊重他们作为自己的权利。"

心灵就像高效的电脑。它会根据所得到的信息，控制你的情绪、态度和行为。如果你的脑海中都是负面的想法，它自然就有负面的反应。可是如果你给它建设性的、充满自信的指令，它便会提供正面的激励，产生具有生产力的行动。

要将创造力集中于你的目标上，还有第二项技巧，就是练习具象化——这种将梦想转化为现实的力量。具象化就是在心中描绘想法、事件、情况和有形的物体。具象化在目标设定过程中的重要性就在于，它能有效地加强你达成目标的能力。强化目标感的重要途径就是尽可能地让目标清晰。我们头脑中如果具有具象化的目标景象，就能够内心更具有动力，朝着目标前进，在遇到挑战和挫折时，更能够具有应对挑战的意愿，相信自己为了目标而选择更多的方法是值得的、可能的。

各行各业的成功人士都懂得运用具象化的技巧。运用具象化的人，能够清楚明确地“看到”他们努力、持续追求的目标实现后的结果。当你清楚地看到自己达成目标时的样子时，这幅鲜明的图像能刺激你的欲望，激起你计划行动步骤时的创造力，激励你采取行动。在多数情况下，视觉所得到的资讯比其他感官更正确，这一事实反映在我们常常以图像进行思考。换句话说，我们会具象化。

将感恩转化为竞争力的两种方法

也许你会说，自己拥有的已经不少了，需要的东西自己也都得到了，但是仍旧不快乐。生活中，经常会发生这样的事情。我举一个我自身的例子，可能大家会更有感觉。我是一个对细节方面要求特别多的人，就是被很多人称为“龟毛”的那种人。典型特征是比较斤斤计较，对自己不太满足，对他人要求也很高。不管是拥有什么也好，哪怕是别人都认为那是我的优势，我都会感觉它是无足轻重的，直到我的父母先后离开了我，尤其是我的母亲离开时，我才突然体会到珍惜眼前拥有的是如此重要。因为我以为他们会一直存在于我的生命中，永远也不可能离开我。在我最后一次回家陪伴她时，我明显能够感觉出来我马上就要失去她了。在那一刻，我才对自己原本以为理所应当的拥有，产生了一种即将失去的恐惧感。

所以从那一刻开始，我自己的思维真正有了一个彻底的转变，关注点也开始放在自己拥有的部分上来，这就是史蒂芬·柯维所说的“由内而外的转变”。我们希望改变，但真正彻底的改变永远是“由内而外”的发生才能长久和彻底。这件事情对于我来说，引发了两个巨大的改变。

一是对自身优势的认识。自己的优势在哪里？就像前文中描述的“永久性的特质”是什么？认识到自身拥有优势是让自己有信心的基础。

二是更加懂得感恩。这件事情过后，我感觉到人生其实是有尽头的。每一天，我们都需要抱着一种非常感恩的心态，或者特别珍惜的心态，积极面对生命的一切馈赠，就和佛教所说的“看破、放下、心自由”是一样的道理。看破不是把所有的东西都扔掉，而是真正地正视自己。当我们正视自己的时候，会发现其实每个人都有优点，每个人也都有缺点。多多珍惜彼此拥有的，善待彼此的不同，实现真正的“人之所欲，施之于人”。

感恩能够让我们把关注的点放到真正应该关注的事情上。我们的自信、自尊和自爱，都是源于我们看到自己拥有哪些优势。当我想要一件东西，有能力得到它，就会有快乐的感觉。这让我们产生正能量，让我们更加积极地去想自己喜欢什么和不喜欢什么。

感恩那些优秀的人，我们得以“树立榜样，发现差距，修正自我”。在他人的衬托下，我们也会知道，虽然我学了某项技术，但是有人学得更加资深；或者我有某种技能，有人比我的技能水平更高；或者我现在很漂亮，但总会有人比我更漂亮，这些都是很正常的事情。如果我们一直关注这种状态的话，就会造成“关注圈”过大，回过头来看自己的“影响圈”则过小，两者相比较，就会产生巨大的落差。一味地关注他人的精彩，会让我们变得盲目；不考虑自身需求的盲目攀比，只会让自己陷入“茫然”而日益痛苦。因为我们一直关注外面的各个方面，却没有关注自身能力的发展，这会导致不自信，忽视自己原本拥有的资源和价值，失去自我。

幸福与否，其实是一种感觉。我多年前曾经遇到过一个分享嘉宾，他说自己特别满足于当前的状态，生活上不是特别富有，更多的是一种精神上的满足感。我问他：“你如何看待自己拥有的和没有的东西呢？”他回答：“如果按照现在社会上的标准，我在物质上肯定不是富足的那种，甚至可以说我实际拥有的和没有的一样多。但是我认为这没有太大关系，我对现在的状态很知足。”后来，看到他在台上做分享时，浑身上下都体现出一种由内而外的满足感。那种感觉不是物质的丰富就能带来的，而是他对这个世界有期待，对自己有交代，对身边人有价值，正是这一切让他对当前充满了感恩，对自己所拥有的倍加珍惜。

每个人看到的都不是真实的世界，而是经过头脑加工的世界。问题的关键不在于事实如何，而是我们对事实会有什么样的认知。在同样的情境下，不同的人会出现截然不同的反应。同样在微风阴雨天，李清照的反应是“风住尘香花已尽，日晚倦梳头”，透出来的满是伤感，而宋代志南却体会到“沾衣欲湿杏花雨，吹面不寒杨柳风”的自在闲趣。这就是我们所说的对于同样的东西，每一个人的关注点不一样，那么他的感觉也会完全不一样。

强化自我激励，突破心态极限

有效的自我形象管理需要强化自我激励，让自己保持更加高昂的正面形象。不要期待旁人引导你走向正确方向，你必须自我激励。激励有多种含义：

1. 主动发现对行为带来负面影响的根源，并积极做出调整。

2. 懂得“原因导致行动”，选择或提供合理的动机。

3. 认识到激励是一种内在力量，与意念、情感、欲求或冲动类似。

4. 一种内在的需求或驱动力，促使人们采取行动。

5.“相信它一定会实现”之期望中的欲望。

这多种含义中，最重要的是最后一种。“相信”是源自自我形象，“期望”源自潜能，而由“相信”及“期待”所支撑的欲求必会形成强烈的动机，使你朝目标行进。

在发展有效的个人特质的过程中，自我激励非常重要，自我激励不是从天而降。平白掉下来的好运，需要悉心灌溉培养，才能茁壮成长。当你准备好并愿意努力培养时，才能获得。

一般人的需求、欲望及驱动力大致相同，但是目标和行为则因人而异。两个人也许会采取完全不同的方法，能达到相同的目标。他们也可能以相同的方法，达成不同的目的。了解自己内心的驱动力，以及驱动力如何影响行为，可以协助你更好地设定目标，并对你如何达成目标给予指导。经过反复的练习，你就能创造一种“相信它一定会实现”的强烈欲望，这就是自我激励。

选择卓越才能成就卓越

很明显地，想要发展有效的个人形象，必须由内而外地做出改变。我们也可以找到借口不去培养个人的某些特质，指出习惯和态度系从小养成，难以更改。然而，现实生活中，的确有人呈现出很戏剧化的改变。因此我们必须承认，透过习惯及态度的转变，有可能成功地发展出个人的诸多能力，要不要追求个人的成长，完全是你自己的选择。

你可以活得丰富多彩，也可以空虚度日。漫长的一生中，你获得多少完全取决于你自己的选择，你可以选择做任何想做的事或成为任何想成为的人，选择自己的命运归宿就是你最大的权利，而且这种自由是天赋权利，没有人能偷走或剥夺。

想要作出正确的选择，要遵循如下一些不变的原则。

1. 选择能力是一种必须发展的潜能。选择能力同其他的天赋一样，是可以培养的。如果你害怕失败，不愿作选择或决定，你可以很安稳地过日子，但也有可能错失更好的机会。好的决定都是由于以前的经验累积作出的，机会出现时，迟疑不决只会错失良机。

2. 自己作决定。没有人是完全懂另一个人的，因此没有人能为你作一个让你满意的选择。如果你让别人作决定，等于是将自己的命运交到他人手中，让别人剥夺你的权利，同时还要忍受可能的糟糕后果。当然，作决策前，你也应该参考周围人的意见。但是记住，意见是别人的，选择是你自己的，你比任何人都有资格自己作终生的决定，选择什么样的路，成就什么样的人生。天助自助者，对某些犹疑不决的人来说，老天也帮不上忙。

3. 选择次定结果。你可以自由选择各种行为，而一旦你作出了选择，自然就会影响成败。通常要得到好结果，我们必须付出汗水与辛劳。世事总有一定的法则，你作了正面决定，不可能得到负面效果。如果因疏失而作了错误的决定，最后只能饱尝恶果，这也不能怪罪于运气不佳。然而，恶果却不一定立即会显现，因此这导致我们有时候会侥幸地认为自己不会那么“倒霉”，不一定要付出沉痛的代价。想要控制自己的冒险里程，你要仔细小心地作决定。

4. 自由选择是天赋人权。只有人类才有完全自由的选择权利，可以选择社会、环境、朋友、意念和情感。选择自由的背后是能力也是责任，务必小心翼翼地保护这项权利，它是让你实现梦想生活的重要武器。

你明白了选择的自由，就能用来改变习惯或态度，以发展有效的个人特质及自我激励。不过，一定要有耐心让你的选择有时间去产生成果，虽然你积习已深，但是只要你作了决定就能掌控最终的结果。

打破刻板印象，多元发展

贴标签，是我们认识自己与他人的捷径。每个人对于一件事物的识别都需要通过某些特征，“我是开朗的人”，“他是内向的人”，“你有独立思考的能力”，等等。人与人之间正是通过这些“标签”来快速建立关系，进而彼此了解。

但“贴标签”在提供便利的同时，也存在很大的隐患，最主要的就是习惯了以刻板印象看待人或事。而在多元化的时代，刻板印象很容易造成巨大的失误。对个人来说，最主要的隐患来自这容易让一个人将许多事情视为理所应当，自己不懂得付出，进而变得麻木不仁。

要提高对人的敏感度，以发展的眼光看待人或事，需要避免对或错、好或坏的二元辩证视角，从更加多元化的角度去分析和评判，这对于每个人的成长来说，显得尤为重要。《三国志·吴志·吕蒙传》中便有“士别三日，即更刮目相待”的故事，说的是东吴的大将吕蒙，由于不喜欢读书而被当成孔武有力的大老粗，后来，发奋读书，见识大涨，面对不同的形势时也能够发表真知灼见，最后为东吴的江山社稷做出了一番功绩，谈的就是要用新的眼光看待人和事。

那么，如何避免“贴标签”，让自己成为更多元的人才？我们可以做如下练习：

1. 在一个人的情况下，选择六个与自己工作或生活关系密切的人选。

2. 要求所选六个人中，选择三个自己喜欢的人，三个自己不喜欢的人。

3. 然后针对三个喜欢的人，写出他们的优点，并努力找出他们身上的不足。

4. 同样，针对三个不喜欢的人，写出他们的缺点，并努力找出他们身上的优点。

5. 要求列出的优点和缺点越具体越好。

聆听比表达更重要

“有效的沟通，在于积极的聆听。”判断一个人沟通能力的高低依赖对方的积极反馈，如此，我们才能知道沟通的结果和水平如何。沟通的过程中，仔细聆听异常重要，肯于倾听是一种态度，这需要具体的方法支持。我们需要通过对方的语言来判断对方要表达的意思，并给予积极回应。在这里，“语言”包括两个层面：第一，感官性语言，即通过“五感”而传递出来的事实性信息。例如，我昨天看到两个人在路边大声说话，这就是一种感官性语言，反映一个人看到的、听到的、接触到的事实性信息。第二，非感官性语言，即表达内心感受、想法的主观性信息。

要达到有效的沟通，首先需要在沟通的时候，有效地分辨对方在表达时，哪些是客观的事实，哪些是主观的感受和个人观点。在沟通的过程中，除了关注语言，还要关注对方通过身体传递出的“非语言”信息，包括语音、语调的变化，节奏的调整，以及身体动作上的改变等。

如果你说：“小王，昨天我看你加班加到了十一点多，真是辛苦了！”这种就是先关注了客观事实，然后再表达了自己的观点，就是“辛苦了”，从而做到有理有据。但是，如果你说“小王，昨天你那么晚才走，是不是工作上有很大的困难？”，就是在传达你的判断和感受。小王可能立刻就会想：“自己确实很辛苦，工作确实太累了。”但也可能会想：“什么意思？你想要我说公司领导管理有问题吗？”你用情绪调动了对方的情绪，但是情绪会引发不同的判断，而不是引向客观事实。这就是积极聆听时需要关注的重点。

正是因为非感官性语言是每个人自身的一些感受或主观看法，所以，每个人对于其他人的这种非感官性语言，就会有不同的理解。因为我们不是对方，没有与他完全相同的经历，所以我们的理解不一定和他的出发点一样。所以我们在聆听的时候，对于感官性语言的反馈就会至关重要。因为感官性语言针对的是事实，反馈的是客观情况，出现争议的可能性会大大降低。

友善的积极聆听还体现在对他人“非语言”的敏感觉察上。对方言谈举止间的情绪变化会体现在语音、语调、节奏以及肢体动作上。要把握对方“非语言”背后隐藏的意思，需要通过提问的方式进行验证、确认。你可以问对方：“刚才你讲话的时候，特意说了一个‘特别不同’的词，那代表什么？”“你刚才说话的时候，听起来有些迟疑，那代表什么？”“你谈到这件事的时候，我发现你往后靠了好几次，我很好奇那是因为什么？”“当你说这个人的时候，我感觉到你语调提高了，那是为什么？”

所以，高效的沟通是一种双向的互动，在对方表达的同时，短时间内能够给予对方积极的反馈。通过以下三个方面，可以大大提升聆听的效果。

一是身体的呼应。在身体姿势上，用与对方相同或相似的身体姿态进行。这种状况特别能够在关系亲密的人身上体现，他们用几乎相同的姿势交谈，像是照镜子一样。

二是情绪的配合。理解对方的情绪，一个人的情绪表达会通过语音、语调和说话的节奏来表现。并且，如果仔细观察，一定能够看得到对方在细微表情上体现出的情绪感受。

三是语言的匹配。关注对方说了什么，没有说什么，在语言表达中用了什么特别的词语，然后可以运用相同的词语进行反馈，让对方感觉你理解了他传递出的信息。

章节练习

绘制你的成功愿景板

愿景板的练习是创造具象化路径的好方法。在接下来的练习中，你可以结合自己的目标，练习用具象化的方式让目标更清晰。发现在实现目标的过程中，可能需要设置的关键节点（里程碑）有哪些，并且可能会遇到的相关挑战有哪些。

练习步骤：

1. 确定自己当前的目标，可以是某一个关键领域的，也可以是整体的愿望。思考当这些愿望都实现了，会出现一个什么样的景象？

2. 想象五年后，自己的一切愿望都实现了，你成为《时代周刊》《哈佛商业评论》等杂志的封面人物，希望那些报道会如何评价你呢？

3. 确定如下三方面问题：主标题是什么？副标题是什么？主画面是什么？把它描绘出来。

4. 根据这个画面，提出一个能够概括成功的“主题语”，例如：成功梦想家。

5. 然后围绕这个“主题语”思考你会在多少个方面体现出这种内涵呢？这种内涵用词语如何表达？如果换成图像可以用什么样的形象来体现？

6. 如果再进一步的话，你为了实现这种人生目标，从当下到未来的过程中，会通过什么样的步骤去实现呢？一年后会怎样？两年后呢？三年后呢？四年后呢？

7. 如果你愿意，你可以把以上的思考过程全部用视觉化的形式体现在一张空白的纸上，然后把你的“主题语”放在视觉化的最上方，把这个具象化的目标作为激励你不断前进的动力来源。

第八章

找到破除焦虑的方法，你才能不焦虑

人生的每一次决定都与其他方面有着千丝万缕的联系。人生是一次探索，一次发现，更是一次创造。积极破除生命中的各种关键干扰，让其转化为成就自己的基石，让自己获得更全景化的视角，从而重构人生画布，描绘更多的精彩。

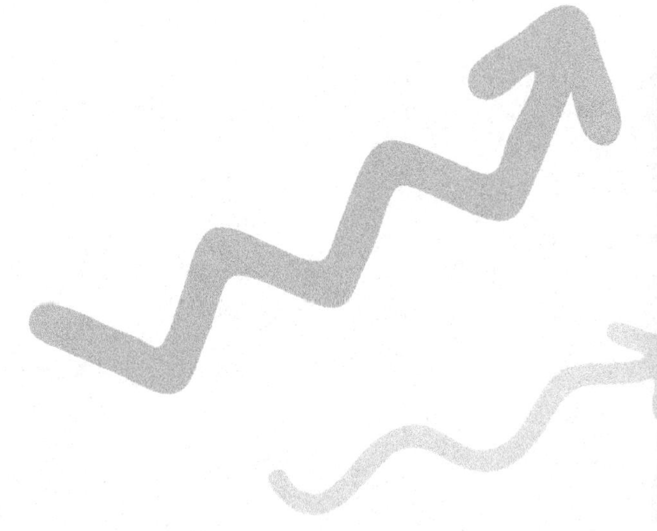

方法一：破除人脉的制约

更多元化的沟通渠道是建立更紧密连接的重要保障。

当你遇到一种挑战时，你有多少人可以求助，有多少资源可以成为你的支撑？

众多陷入职场困境的人，通常表现在和自己的领导、同事或下属只有一种方式进行沟通。他们常常在和领导沟通时只能通过口头汇报的形式，当领导出差在外就会由于等待而延误工作。在寻求横向的部门协助上，只找那些和自己合得来的同事，而不是找最合适的同事。或者给下属做指导时，只知道通过开会的形式，而不懂得在吃饭或喝水的间隙进行快速交流。

同样，在生活中陷入困境的人，也通常将单一的沟通方式当成自己的唯一选择，而非让自己建立更多元化的沟通网络。他们只把和朋友吃饭当成沟通，而不习惯将打个电话或发个短信视为另一种沟通方式。或者只是将带着孩子周末出去游玩看作亲子沟通的渠道，而不会将睡前和孩子聊上几句，或给孩子讲一个睡前故事也作为亲子关系的有力补充。

人际关系学中有一个“六度人脉理论”，讲的是无论你想要与什么人相识，只需要经过六个人的关系，就可以和想认识的人建立连接。在互联网时代，我们需要突破那种只能面对面沟通的限制，让自己成为多元化沟通的“践行者”。让自己从过去只有正式的沟通才算沟通，只有面对面才是沟通渠道的单一思维中走出来吧，认识到更多非正式的沟通渠道，补充进我们的沟通“工具箱”里。

想一想，你可以有多少种方式让领导了解自己？开会发言的方式、发邮件的方式、到办公室请示的方式、邀请领导参观给予指导的方式，或者请其他领导代为询问的方式，等等，都可以增进领导对自己的了解。只有拥有更多的沟通渠道，才不至于在一种方式走不通时，陷入无计可施的境地。

不只是工作中存在沟通渠道单一的状况，生活中也会如此，这种状况让沟通变得单调乏味，毫无乐趣可言。懂得调适，很重要的一点是对“沟通渠道”的优化与丰富。

来看看我曾经举办的沟通训练营第一期学员李婷的真实经历。

李婷是山东青岛人，2000 年考上了北京的大学，大学毕业后就留在了北京。她的父母还在青岛，她平时工作忙，很难经常回去。和父母沟通，基本上就是每周末打打电话，问候一下他们的身体状况，说一说自己的工作情况。后来，微信越来越普及，李婷决定把微信也用在和父母的沟通上。于是，她给父母买了一台智能手机，然后趁着放假回家的机会，教父母使用智能手机，教他们如何使用微信输入文字、拍照和视频聊天。让李婷感到惊喜的是，父母竟然玩儿得不亦乐乎。后来，她和父母之间就增加了一个让他们都觉得更有乐趣的沟通方式。有时她会收到父母发过来的一段视频，是他们种菜的场景，有时也会收到他们发来的几张图片，是他们和老朋友聚会的场景。每周他们都会用视频通话的方式，让双方看到彼此的变化。正是这种沟通渠道的拓展，让李婷与父母的关系除了彼此的关怀，又增加了更多创造惊喜的机会。

不要让平凡的日常成为限制自己好奇心和探索的壁垒，要创造更多惊喜的“起始点”，让生活变得更加多姿多彩。就像我们无法找到“快乐的工作”一样，要努力让自己创造“快乐工作”的机会，这才是重构人生画布的重要“基点”。

今天，你又创造了哪些新的沟通渠道，让自己变得更快乐，让自己与他人的关系更紧密呢？

方法二：破除家庭的制约

家庭是一切的起点。我们从小就是基于对家庭的理解，逐步形成自己的人生观、价值观，建立自己为人处世的风格。与其说我们被一些行为、压力或经验等条件所制约，不如说我们是被“周围的影响”所制约。父亲、母亲，甚至年长的哥哥或姐姐，在我们幼年时都会对我们产生影响。你一定听人说过，“那孩子的脾气跟他父亲如出一辙！”如果这个小孩真有这种倾向，那不是因为他继承了父亲的脾气，而是因为他被所谓“影响的条件”制约了，他学会了这样的性格。

受到长辈及他人的实际行为影响，或是经由劝告、争论、说服等语言方式，我们建立了“自己是块什么样的料”的观念。而很不幸的是，这样的观念经常是肤浅且片面的。举例来说，一个自己曾被消极观念所制约的父亲，很可能将这种消极的态度传给了他的儿子。即使这个孩子更聪明，更有天赋、才能及潜在的个人特质，他都可能因此而只能达到父亲潜能的极限，而不是自己的极限。

就好的状况而言，家庭影响可以使得一个人比家中其他成员更加努力，追求卓越，取得更大的成功，以及完成更伟大的事。但相反的，家庭影响也可能使人相信他将永远无法胜过父亲或兄长的成就，因而使他连尝试的机会都放弃了。

天性对家庭的爱，会使我们对家庭的教诲忠诚且信服，使我们珍惜家庭的传统并继承下来，有这样的结果固然好，但事实上，这未必永远是好的。家庭对我们的影响，我们应该先在个人价值观、需求及欲望的天平上做一番考量，它必须和我们个人的自由意愿相匹配。

家庭对我们的教育，让我们对什么是好的，什么是坏的，有了根深蒂固的判断。我们受到的来自家庭影响的限制，很多时候便是那些“不准”的事，例如：不准在街上玩；除非家长允许你讲话，否则不准讲话；不准去未获同意的地方；不准狼吞虎咽，细嚼慢咽才是礼貌。

其他有些条件限制则用较正面的方式来表示，但也隐含着许多限制：父母最了解一切，因为他们懂的比我们要多得多；做事一定要想得周全，否则摔得会很惨；要好好珍惜那些美好的回忆，因为美好稍纵即逝；要懂得和别人好好相处，但也要防着别人的不怀好意。

从上面我们可以很容易看出：我们一方面享受着家庭

带给我们的关怀，同时也经受着用限制和警告创造的有条件的关怀；一方面得到父母的言传身教，又会受到他们利用“刻板印象”为我们树立起来的条条框框的限制。这些经验正以教条及规范的形式传达着善意，同时也让我们对外部世界充满着“恐惧”，甚至可能产生极度的畏惧及罪恶感。事实上，这类幼年时期所养成的不具建设性、负面的“限制条件”，大部分都可以经由“了解自己是如何被定型的”而加以克服。同时经由对养成方法的了解，我们可以运用相同的步骤来逆转这个“条件限制”的趋势，而走上一个完全相反的方向。我们曾学过的，我们也可设法加以遗忘。由于每天接触消极的意识而养成的性格，可以经由每天接触正面积极的影响而加以改变。我们并不是生活在一切都预先设定好的公式化世界中，我们可以塑造自己的命运。就好比不论我们选择盖什么样的房子，我们自己便是那个建筑师。

我们需要让家庭成为我们成长的阶梯，而不是制约。因此，要重构我们的人生画布，就需要我们建立“批判性思维”，对家庭赋予我们的理所应当的“言传身教”加以分析，让适合的、有效的留下来，让它们成为自己成长的“推进器”；同时，也要学会对那些不适合的、无效的教导进行批判性吸收。如果我们毫无疑问或毫不抗拒地接受他人的意志及观念，那只是因为我们自己的内心还不够强大，对自己的人生目标还不够清晰。其实，我们每个人都拥有无限的潜能，我们生来就是为了做更伟大、更值得做的事情。

方法三：破除社会的制约

没有任何一个人是独居在荒岛上，因此每个成人也如孩童般，会受到外在“限制条件”的影响，而家庭自然不是这种外在影响的唯一因素。年轻人会受到与其他朋友间人际关系的影响，同时老师也会对他们的思考、行为及性格产生影响。逐渐长大后，周遭的情况改变，交往的对象也改变，但是影响会持续着。其实自从原始人类学会团结起来以壮大及保护自己，人们便一直受到环境、社会、组织等外来限制条件的影响。这当然也是件好事，没有了这种限制条件的制约，人类也许早就无法生存。但不好的情况是，由于对“顺从整体”的限制条件必须完全接受，因此我们每个人都变得平庸而一致，我们失去了“成为自己想成为的”这一初始动力。每个人都是独一无二的，都有他可以贡献的地方。在我们生活的乡镇或城市社会中，我们或许必须作很多让步，但是我们不可以放弃作为一个独立完整个体的天赋责任。

就像我们必须作出让步一般，这个社会也存在一个不可避免的缺点：它过分强调每个人必须符合一个平均、标准的模子。如果我们过度地认同这种观念，便会将自己融入平凡的群体中，并完全失去个人的性格及身份，完全地被社会同化成其中的一部分。接着，我们可能会感觉到整个社会、组织如一团巨大的流沙般逐渐黏上我们的脚，使我们认为自己没有突破的力量。

有关外在环境对我们的影响，最显著的例子，便是现在仍存在于世界每个角落的“地域主义”。你是否会认为某个地区的人天生精明，或某个地区的人天生豪爽。中国向来有“十里不同风，百里不同俗”的说法，这是为什么呢?原因是我们都被周遭的环境影响了。每天在电视上看到不断重复出现的相同广告，便是环境制约的一个好例子。广告事业投入了数以百万计的资本去塑造出一个知名运动员使用某项产品的形象，便是希望这种英雄形象能够吸引模仿者，让消费者受到制约。而每个人都希望被认为是成功者，希望赶上流行，被大多数人认同，因此一旦某个团体或族群接受了一种思考或行为方式，那便很难再去改变，因为这种改变将威胁到团队的价值。

对个人而言，重要的是要了解限制条件对个人的影响究竟是好或坏。你必须学着在一个需要适度妥协的社会中生存，但不能与那些不好的人同流合污。你必须保持不满意的改进心态，但不会觉得不知足。同时你必须了解由心灵所产生的限制条件的制约，可以由个人意愿加以逆转或重新创造。你自己拥有改变的潜力，最重要的，你必须认识到你拥有独特的机会，能决定自己是什么样的人及想成为什么样的人，而不是被动屈服地成为环境的复制品。

一个不知道运用个人特质领导能力的人，是注定要在“条件限制”制约的族群中犹豫不决一辈子。在这个族群中，平庸是他们的标准，而成功便会是畏首畏尾、尽可能没有战斗伤疤地度过一生。

方法四：破除失败的恐惧

除了会受到家庭及社会的影响，每个人还会受到个人经验的影响。我们不是生来便具备知识，因此在学习的过程中犯错及失败是很自然的。而学习的正常程序便该是：尝试、失败、调整，然后再尝试，这也正是我们大部分人亲身体会到的经验。小孩子是这样子学会走路及说话，而小鸟学飞，野生动物学猎食也都是经过这样的程序。这是自然的法则。

但是我们比动物多了知性的敏感。我们对社会认定及自我尊重的需求已经高度发展，因此错误使我们觉得困窘，而失败会使我们遭受打击。而如果我们幼年的环境特别强调完美，这种打击会更加严重。父母、教师，甚至早期工作上的老板，如果过分强调错误的严重性，将使得个人的特质发展受到限制。我们会想把犯另一次错误的恐惧永远冰冻起来，并选择可以带领我们走上安全生活途径的行为模式。这种对失败的恐惧孕育了懦弱、胆小。它会使我们彷徨犹豫，并使我们拒绝任何挑战，会不愿意承担再次错误及失败的风险。

其实，畏惧失败的重点不在失败本身，而是态度的问题。你的态度可以强化你，也能够摧毁你。如果你把每次的错误看作个人成长中的一次挫折，那这个态度便会摧毁你。但是，如果你将错误视为学习过程中一个指引、调整方向的路标，那失败便会强化你自己。而这其中的秘诀便是在失败时仍要挺着无畏的胸膛，而不是颤抖着背过身去。

没有人喜欢被打败的感觉，也没有人会喜欢失败或犯错。但从另一方面而言，错误却也代表人类的进步。你可以视错误为一个失败，或是过程中的一个教训。你可以把它看作一个挑战，也可以把它看作一种惩罚，但是你自己持有的这种负面的态度，将会逐渐将你制约、定型，让你成为一个积极成功者或颓废失败者。

约翰·贾登乐在《自我改革》中写下："我们因害怕失去，而付出了昂贵的代价，这是成长最大的阻碍。它使个人的心胸逐渐变得狭窄，并阻止了经历及冒险的精神。"但是没有任何一次学习是不会遇上困难及失误的。如果你想不停地学习，你就必须冒着失败的风险继续向前。

其实认真地说起来，不犯错要比犯错更可怕。这听起来似乎有些矛盾，但其实不然。如果你因为太害怕犯错而不愿意冒任何风险，那很显然，你不会犯任何错误，但你也不会成长或学到什么，你会在原地踏步甚至稍微退步。那些与你具有同样资质，却有勇气面对不可避免之风险的人，将会超过你，提前成长起来。

银行机构通常会将它们的形象及声誉建立在稳定、安定、安全及可靠等特质上。但是举例来说，如果放款的业务员不太敢冒险，甚至根本不敢冒险，那么，这个银行的业绩便可能一蹶不振。因此，许多不敢冒险的放款业务员，便会很讶异地发现自己这种保守做法，竟会遭到上级的谴责而非赞赏。所以简单来说，过分的小心翼翼不会让你的地位安稳，反而可能让你比那些冒险犯难的人更加危险。

想要对错误及失败建立起一个健康的态度，首先你必须将它们视为发展个人特质的机会。更重要的，你必须将错误及失败视为你个人独有的，它们不属于其他人，而你个人的问题也不可能由他人解决。同时你也必须了解，失败唯有在你将它视为“致命的失败”时，它才会是致命的；如果没有失败的冲击，你不可能收获成功时美丽的浪花。

如果你因畏惧失败，而请求他人协助你防止失败发生的可能，那最后你将会发现太多外来的协助只会扼制了你发展个人特质的欲望。如果你应该努力去赚取的成功是由他人所给予的，那你事实上正在放弃自己与生俱来的权利，同时你也会被“依赖”所制约。如果你能以乐于冒险的精神去面对你的挑战，那即使你失败了，你也已获得报偿。没有人天生就是个勇者或是个懦夫，面对选择时的勇敢或怯懦，完全来自对生活经验所持的态度。你可以经由错误获得学习的经验，或者你也可选择被错误制约而成为旋风中的稻草，摇摆不定。因此，你应该对生命永远充满成功的期盼，就像橡树苗注定是要长成巨大的橡树一般。而那些人工培育的“花盆植物”就像是会制约你达到成功目标的“条件限制”，是人造的、错误的。这些“条件限制”肇因于对想象的限制。然而一旦你能扩展你的想象空间，坚持你的自信心，并将环境及外在情况视为成就个人发展必除的障碍，那么这些制约你的“条件限制”将消逝无踪。当你成功了之后，你就会了解到失败事实上只是一种心理状态。同时你也能了解，对失败应有的反应不是畏惧，而是好奇心。你应该问：这个错误为什么会发生？我可以学到什么？我应该做什么样的调整？随后错误便会成为你的路标、你的探照灯，可以协助你追寻那最难捉摸的且永不止息的完美目标。

方法五：自省，战胜无趣

你有哪些兴趣爱好？这些兴趣爱好有哪些已经成为你人生的一部分，让你补充到人生经历过程中，成为激发你更快乐的“心灵扳机”？

我们总会在成长的过程中，对众多的事情产生兴趣，然后希望走近它们一探究竟。但很多时候，身边的环境对“兴趣”这件事却并不友好。“别做那些没用的事情，用心做好你应该做的。”“关注你的当下，不要总是好高骛远。”“把精力放在学习上，等你上了大学会有时间让你发展兴趣的。”诸如此类的要求，你是否听起来很熟悉？

在我见到的众多来询者中，很多人面对当前的挑战无法脱身，最后变得精疲力竭，都是因为他们缺乏其他兴趣点，来让他们舒缓压力。兴趣是让一个人“苦中作乐”的原因。试想一下，当你为一个项目承受着巨大压力时，哪怕是一个看电影、听音乐的兴趣爱好，也能让你暂时舒缓，不至于精神紧绷到无以复加的地步。

要如何对待兴趣这件事呢？通常我们要善待兴趣，留出一定的时间来验证它们对自己的意义，进而再选择是进一步培养它们，还是舍弃掉，再另寻兴趣点。我们可以在对待兴趣爱好上，采取这样的步骤进行。

1. 为兴趣点预留时间。兴趣的培养由于不在必须之列，所以要让兴趣得到验证和发展，需要专门预留出时间来。比如：你感觉学习轮滑是个不错的选择，那就要每天留出固定的时间学习轮滑。你可以在下班后留出一个小时时间练习，或者参加一个轮滑兴趣小组，让志同道合的人带领自己，或者专门报一个轮滑兴趣班，让专业的教练系统地教你学习轮滑。无论如何，都要为兴趣的培养预留出专门的时间，然后再安排必须要做的事项，否则，兴趣永远是希望，不会成为现实。

2. 建立兴趣的组合。兴趣越多越好，还是越专注越好？这个问题是仁者见仁智者见智的事，但建立一个由三四个兴趣点组成的“兴趣组合”是很有必要的。不要把兴趣全部放在一个点上，避免又走入开始时全力以赴，最后又半途而废的境地。当然，也不要让兴趣太多而影响到自己的本职工作。在一段时间内，让自己有机会去验证和培养三四个兴趣点，拓宽自己工作之外的美好世界。

3. 更新自己的兴趣组合。实践的过程中，我们会发现有哪些是我们真正想要长期培养的，也会发现有一些兴趣点是自己想当然，而实际操作起来却并非理想的选择。那就在自己的兴趣组合中剔除掉这些不需要或不适合的兴趣点，再补充进来一些新的。让自己的兴趣组合成为更加适合自己的，因为兴趣本身就应该是给人带来快乐的，而非僵化的、一成不变的。

方法六：自律，终身学习

在充满变化的世界里，要不断地学习才能让自己始终保持应对挑战的资本。成为终身学习者，不仅是社会的需求，更是个人成长的需要。彼得·圣吉在其专著《第五项修炼》中提出“学习型组织”的概念。他认为，要想应对未来，组织必须成为学习型组织，而学习型组织的典型特征就是从组织层面上成为“终身学习者”。

我们总会迎来从未遇到过的挑战，接触从未接触过的景象，要如何快速进入，以最快的速度成为“弯道超车”的人，用更短的时间、最快的速度，达到其他人常速发展所得的经验累积，我们可以通过三个渠道实现：

1. 用三本书，武装自己。这三本书分别是：一本经典理论书籍，一本方法论书籍，一本经典实践分享书籍。假如你希望了解领导力领域，选择领导力大师拉姆·查兰的《人才梯队》是个不错的选择。他会告诉你领导力体系的发展层级，也会告诉你领导力的成长不在过程，而在于“转折点”的系统思维。接下来，就需要系统的方法论来支撑，大卫·科特莱尔所著《周一清晨的领导课》也会让你通过八个步骤来提高领导力，建立按部就班提升领导力的路径指导。第三本书，就是找一本在该领域拥有实践经验，把自己的实践经验进行分享的经典书籍。有着“全球第一 CEO”美誉的杰克·韦尔奇将自己一生的领导力实践写成了专著《赢》，告诉我们如何实现人生的赢。用三本书的知识，将自己武装起来，满怀信心迈入未知领域。

2. 找一个人，学习他的经验心得。对于一个职场新人来说，最重要也是最幸运的就是找一个经验丰富的师傅，带自己尽快上路。师傅以其职场上摸爬滚打的经历总结出来的经验，可以带领你迈过许多的坑，更快地走上职场正途。师傅可以成为引导者，也可以成为教练。除了手把手教给你经验外，更重要的是在关键时刻能够给你提供反馈，让你懂得如何抉择，如何判断自己的水平。工作中，如果能够找到一个师傅，常常让你事半功倍。生活中，找到一个师傅也可以让你减少众多不必要的迷茫，在人生道路上更快乐。

3. 找一个机会，动手实践。要成为游泳健将，首要的一步是下水。在实践中验证书中所讲的是否正确，也可以验证师傅所讲是否适合自己。再完美的计划都不如不完美的行动具有价值。任何的道理只有经过实践的验证后，才能获得觉察，方能修正自己的行动，取得更好的成果，收获属于自己的成功。

方法七：自我思考，整合资源

人生画布是一个系统性的概念。一方面让我们以全景化视角看待自己的人生，另一方面通过积极的探索和创造描绘更大的蓝图。人生画布让我们体会到生命的本质，学会珍爱生命，学会把握当下，唤起迎接挑战的信心和勇气，去除消极倦怠情绪，放下重担，轻松面对生活，以最佳状态和最强斗志迎接一切挑战，积极发挥生命应有的价值。人生画布涉及一个人的内在，更涉及外在的需求，两者的匹配造就了如何面对和处理人生的发展。

想要经营好自己的人生，我们需要思考自己能做些什么，可以从以下几个方面去努力。

1. 传递价值感。首先我们需要先确定我们能够传递何种价值。价值是存在的理由，自我或在他人心中缺乏价值感，会让一个人变得无足轻重。

2. 确定服务对象。管理大师彼得·德鲁克说："企业存在的价值在于创造客户。"对于一个人来说，又何尝不是如此？我们必须通过服务他人体现价值，并在服务他人的过程中，提升自己各方面的能力和素质。

3. 选择服务途径。价值能够传递到对象手中，需要选择合适的服务途径。从这里，我们就可以看出在生命中占据重要地位的“工作”只是彰显个人价值的“手段”，而不是目的。

4. 盘点自身的资源。我们拥有什么，如何看待自己内在和外在的资源，所拥有的知识、技能、经验和个性，如何帮助自己获取成功，而不是限制自己，成为人生的阻碍。

5. 积极经营关系。我们希望与服务对象建立何种关系？是一次性的，还是终身性的？是一下子，还是一辈子？关系的紧密程度和频次，决定了服务价值传递的深入及服务途径的选择不同。

6. 正视付出。没有付出就没有回报。很多时候，一个人迟迟不愿行动并非不知道目标是什么，或自己想要获得什么，而是惧怕为目标付出的代价过大。正视付出，必须遵循“一份付出，才有一份收获”的道理，控制好由于过多的付出损伤到自身的风险，让自己获得理想的回报。

7. 关注目标。目标是让以上一切正常运行的基础，缺乏目标感的人生不值得拥有。要始终围绕目标进行积极选择，努力推动人生进程，通过目标的指引，让自己拥有一个光辉灿烂的人生。

章节练习

将制约转变为资源

人的一生中，随时随地都有可能受到各种制约。如果不能及时破除，就会对我们自己原本清晰的目标造成干扰，让达成目标的过程充满阻力。稍不留神，我们便会功亏一篑。

接下来的这个练习，能够有效帮助我们面对制约时，从另外一种更积极的视角来看待这种制约，让我们的思维状态从消极转变为积极，将制约转变为资源。

这个练习使用的是“意义换框法”的心理转化技术，可以帮助我们找出一个负面事件中的正面意义。面对一种状况时，是将其看成“制约”还是“资源”，很大程度上取决于我们自己的主观认知。既然我们能够在主观层面上将之视为一种“制约”，那么也就有办法转化成积极的认知。

这个练习可以独自一个人进行，也可以找一个自己信任的伙伴一起练习。经常运用这个方法，可以有效帮助自己破除内心的制约，让自己从资源匮乏状态转变成丰富状态。接下来，请按照如下步骤进行练习。

1. 选择自己当前在目标达成过程中受到的典型制约，把它们以条目列在一张白纸上。

2. 从中选择一个制约，然后用简单的话语进行描述，描述时使用“因为 A，所以 B”句式。

例如：“我想在本次考试中取得第一名的好成绩，可是环境限制了我的发挥。因为复习功课时房间外面总是有很大的噪音，所以导致我心烦气躁的，不能安心复习。”

“因为我们部门是一个新组建的部门，大家彼此都不熟悉，还不能相互信任，所以短期内让我们达成这么高的业绩指标是根本不可能的事情。”

3. 接下来，转化自己内心的想法，针对所选择的制约，更换成“因为 A，所以非 B。因为……”句式，再重新进行描述。

例如：“我想在本次考试中取得第一名的好成绩，因为复习功课时房间外总是有很大的噪音，所以我不得不更专心与投入，这样知识点可以掌握得更牢固，我对考试也更有信心了。因为我想着，在这样的环境中，我都能够安心复习，那么在正式考试的环境中，应该能够以更好的状态发挥了。”

“因为我们部门是一个新组建的部门，每个人都充满活力与干劲，所以我们更有希望在短期内达成更高的业绩指标。因为大家可以充分发挥更多全新的想法，集思广益，从更多途径进行尝试，这对目标的达成会更加有利。”

4. 在完成一个制约的意义换框转变后，再选择下一个制约，按照从第 2 步到第 3 步，重复进行意义换框，直到把所有的制约都从制约状态转化成资源状态。

意义换框法在于找出每个限制因素中最能给自己带来帮助的正向意义，改变自己的看法，把各种限制因素由当前的“绊脚石”转变成未来的“踏脚石”，让自己在行为效果上有所提升，朝着更加积极的方向去努力。

后　记

不是尾声，是新的开始

当你看到这里，我们的相会即将告一段落。曲终人散是必然的，但我并不认为这是结束前的尾声，倒认为这是新的开始。正像我每次在训练营开始都会和大家打招呼：借我二十一天，还你一个 NLP 的美好未来。此处的“NLP”是“New Life Path”的首字母，意思是新的生命路径。

在前面的章节中，我们一起尝试着从意识层面、情绪层面和行为层面进行挖掘，因为任何真正的改变都不是单纯意志上的，而是如史蒂芬·柯维所说，是一种知识、技能和意愿的集合。我们必须要明白问题和挑战并不是不可改变的，而是可以通过修正后加以改变的。这需要觉察，只有觉察才能让修正发生。有了觉察，接下来就来到了意愿的关口。我愿意吗？我足够积极吗？我对改变这件事有信心吗？意愿是一种能量，能量越高，才能让改变越快速、越彻底。最后，在意识和意愿都具备的基础上，再通过技能的修炼，才能让方法更有效。

每一个人都是独一无二的，每个人的自我认知也不相同，但正像那句话所说，“现在更多的其实不是成熟的老师，而是成熟的学员”，在实际的工作生活中，每一个人都能学到很多东西，也能接受到很多的知识和信息，我们应该带着成熟的思想了解自己，了解他人，了解这个世界。这种了解可能是始于一个想法，可能是书中的一句话、一个例子、一个练习，让你产生了某种触动，那么，接下来该如何调试自己，让自己对人和事有更多的敏感度，并在工作和生活中获得更大的自由和快乐，而这必须在了解的基础上通过实践和积极的思考，通过每一天的经历去提升。在这一过程中，始终需要记住“行动至上”的原则，只有勇敢迈出行动的第一步，才能让事情有所改善，使问题得以解决。这是亘古不变的道理，而这必将让你走上一条新的生命路径。

当我们有了这样一种认知，无形中就对我们的思想、心智进行了重新建构，在这个过程中，每一天的改变都需要记录，记录永远比记忆更重要。除了记录事实，更需要记录下每一天心理上的感受和收获。从 2015 年 5 月开始，我开始每天在手机上用图文的形式写感恩日记，至今已经连续写了五年。开始写日记的那段日子，我还专门在手机上设置提醒闹钟，担心会突然忘记记录。后来，随着每天在固定时间写日记，它逐渐变成了我的一种习惯，即使没有闹钟提醒，一到时间，我也会拿出手机记录。这件事带给我的最大价值，就是在工作劳累和心情不愉快时，只要一打开日记就能感受到生命的精彩，它不再是普通的记录，而是我人生财富的一部分，这就是记录的力量。我们常常有着太多的梦想，却疏于做出平凡的行动。记录最大的价值是无论何时，只要你想要，你都能通过记录回到曾经的情境中。如果是图文并茂的可视化形式，这种感觉会更真切。这就是为何在每一期的训练中，我给大家的最后一个任务是“创造视觉化未来”的原因所在。

我希望你能够通过这本书真正踏上不断觉察、修正和行动的精彩新路径，祝福你！